MINI PACKAGE

簡單・可愛・超開心手作！

袖珍包兒×雜貨の迷你布作小世界

BOUTIQUE-SHA◎授權

以喜愛的布料仔細縫製，
試著作作看手掌心大小般的可愛小物創作吧！
只要靜靜看著微縮尺寸的布包＆小物們，
就會不禁揚起嘴角，
以碎布＆多餘布料製作也是一大魅力唷！
成品可以作為擺飾、裝飾品
或手機吊飾、鑰匙圈、包包吊飾……用途自由不限，
一起進入愉快的迷你袖珍小物世界吧！

⋈ 作品設計＆製作

猪俣友紀	http://yunyuns.exblog.jp/
中山佳苗	http://blog.goo.ne.jp/hanaday
花井仁美	http://ameblo.jp/rulala-blog/
本橋よしえ	http://plaza.rakuten.co.jp/sweetiecafe/
nikomaki*（柏谷真紀）	http://nikomaki123.jugem.jp/

金丸かほり　更科レイ子　西村明子

⋈ 口金提供

INAZUMA（植村株式会社）　☎075-415-1001
http://www.inazuma.biz/

⋈ 攝影協力

AWABEES	☎03-5786-1600
UTUWA	☎03-6447-0070
JAMCOVER EAST TOKYO	☎03-3865-6056
JAMCOVER TAKASAKI02	☎027-384-8498

http://www.jamcover.com

⋈ staff

編輯／渡部恵理子 石郷美也子
攝影／奧川純一
版面／梅宮真紀子
插畫／たけうちみわ（trifle-biz）

contents

試著放入裁縫工具……

收納小飾品也很棒！

掛在包包上真可愛！

以喜愛の布料製作迷你包

拼接托特包

design ✿ 中山佳苗
size ✿ 高4.5cm×長4cm×寬3cm
how to make ✿ P.44

將兩款布料完美調和的時尚托特包。造型簡單，整體氣氛創造完全依靠布料呈現，能夠充分享受布料組合的樂趣喔！

海洋風托特包

design ✿ 本橋よしえ
size ✿ 高4.5cm×長4cm×寬3cm
how to make ✿ P.45

海洋風布料＋提把的鐵環，好可愛的托特包呀！以繩子製作的救生圈＆船錨掛飾作為點綴。

◀ 圓潤的造型很可愛吧！

梯形附蓋手提包＆口袋手提包

design ✿ 中山佳苗
size ✿ 高3.5cm×長6cm×寬2.2cm
how to make ✿ P.46

大受歡迎的兩款梯形包。no.9與no.10是珠釦袋蓋款，no.11與no.12則以外口袋加上深藍色蝴蝶結＆提把，創造視覺焦點。

口袋也很仿真喔！

側幅外加口袋設計。

寬底方形托特包

design ✿ 中山佳苗
size ✿ 高3.3cm×長4.8cm×寬2.2cm
how to make ✿ P.47

以黑色為基礎色調，搭配色彩繽紛的布料，製作出休閒風的長方形托特包。提把則請依喜好自由選擇布料、緞帶或蕾絲。

時鐘／AWABEES

扁平方形提袋

design ✿ 花井仁美
17・18 size ✿ 高6.5cm×長4.5cm
19 size ✿ 高5cm×長6.5cm
17・18 how to make ✿ P.10
19 how to make ✿ P.60

初次手作的人也能輕易上手的扁平包。縱長款以蝴蝶結點綴，橫長款則以不同花色的布料拼接＆以蕾絲裝飾。

蕾絲＆蝴蝶結の扁平手提袋

design ✿ 花井仁美
size ✿ 高5.5cm×長6.3cm
how to make ✿ P.11

裝飾著蝴蝶結＆蕾絲的可愛扁平包，
梯形帶圓弧狀的造型十分討喜。
提把使用皮製細圓繩，給人淑女的印象，
蝴蝶結則特地選用與底布對比的色調。

小鈕釦戒指／JAMCOVER

相當適合用來收納小飾品。

滾邊提籃包

design ✿ 中山佳苗
size ✿ 高5cm×長4cm×寬3cm
how to make ✿ P.12

縫上滾邊布作成時髦的提籃包。帶有側幅的大容量設計實用性強，耐用的棉布＆皮革提把則是最佳拍檔，是一款會忍不住想作出多種配色組合的作品。

平面釦＆側布標是設計重點。

量杯／UTUWA

圓底拼接提籃包

design ✿ 猪俣友紀
size ✿ 高5.2cm×底直徑4.8cm
how to make ✿ P.13

以溫柔質感的棉布作出圓底的提籃包。
拼接處的縫線呈現出質樸的手感，預料之外的大容量則可以裝入小糖果或鑰匙。

在提把處縫上鈕釦裝飾。

在no.27的拼接處露出未修剪的布邊。

P.6　17・18

✿17 材料

表布（印花棉布）7cm寬15cm
配布（印花棉布）9cm寬10cm
裡布（印花棉布）7cm寬15cm
化纖蕾絲 1.1cm寬10cm
蝴蝶結裝飾（22mm×12mm）1個

✿18 材料

表布（印花棉布）7cm寬15cm
配布（印花棉布）9cm寬10cm
裡布（印花棉布）7cm寬15cm
化纖蕾絲 1.1cm寬10cm
蝴蝶結裝飾（22mm×12mm）1個

作法

1 製作提把。

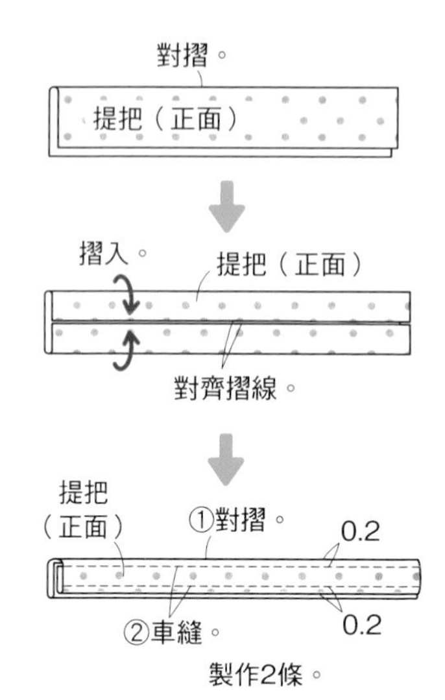

2 縫上嵌花・蕾絲・提把。

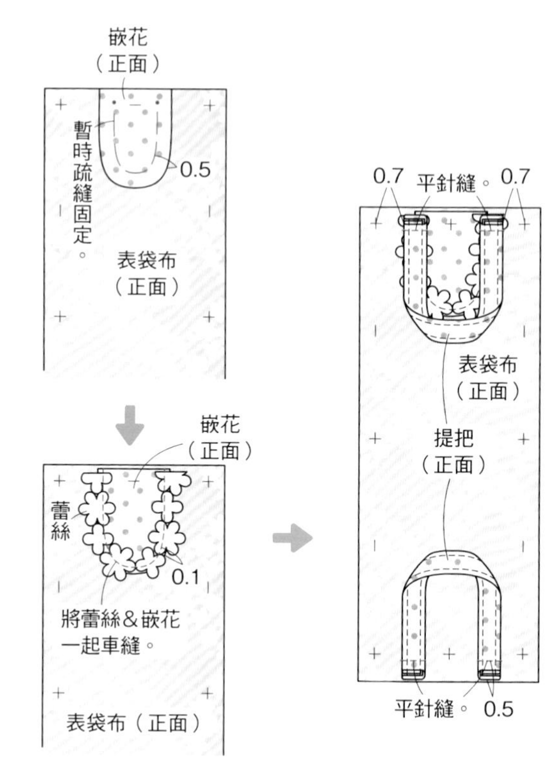

3 縫合袋口。

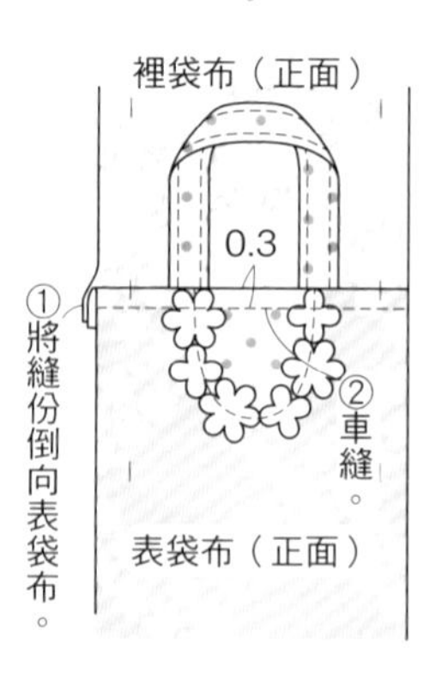

4 縫合脇邊。

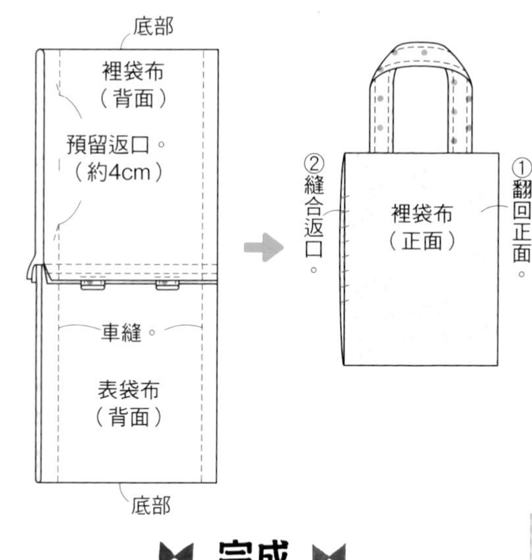

完成

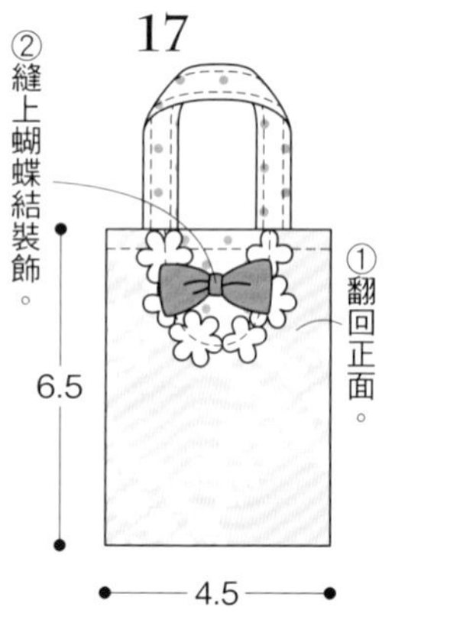

原寸紙型

依〇中的數字外加縫份後裁剪。

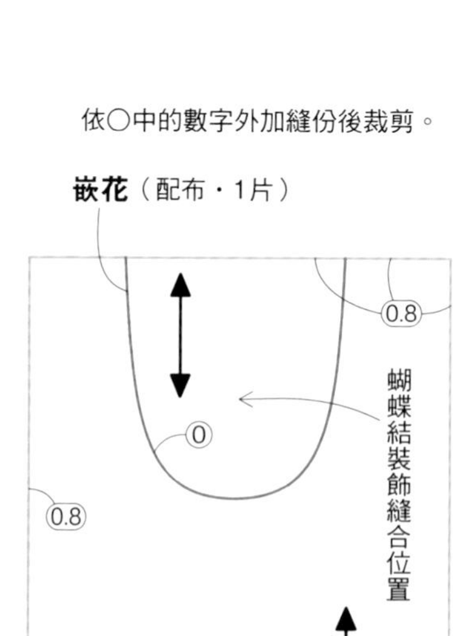

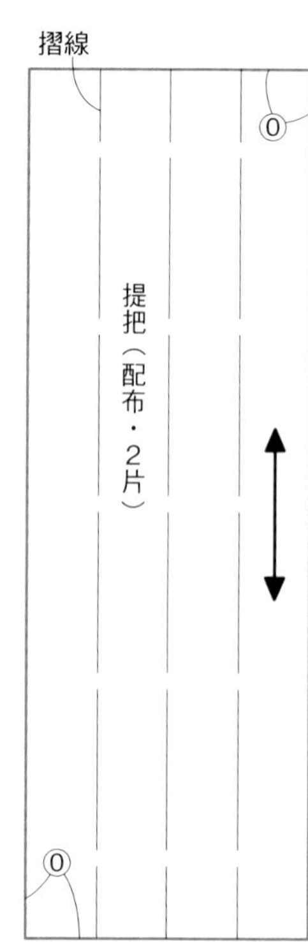

P.7 20·21·22

✿20 材料

表布（印花棉布）18cm寬8cm
裡布（印花棉布）18cm寬8cm
蕾絲 1.1cm寬15cm
緞帶 0.3cm寬20cm
皮繩（寬2mm）16cm

✿21 材料

表布（印花棉布）18cm寬8cm
裡布（印花棉布）18cm寬8cm
蕾絲 0.9cm寬15cm
緞帶 0.3cm寬20cm
皮繩（寬2mm）16cm

✿22 材料

表布（印花棉布）18cm寬8cm
裡布（印花棉布）18cm寬8cm
蕾絲 1.1cm寬15cm
緞帶 0.3cm寬20cm
皮繩（寬2mm）16cm

⧓ 作法 ⧓

1 縫上蕾絲＆蝴蝶結。

20

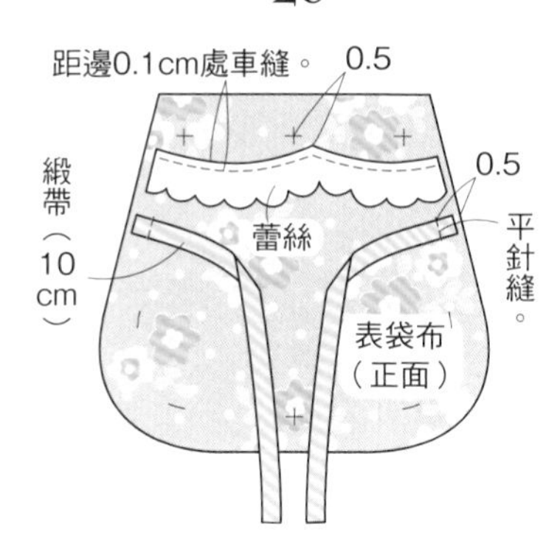

21·22

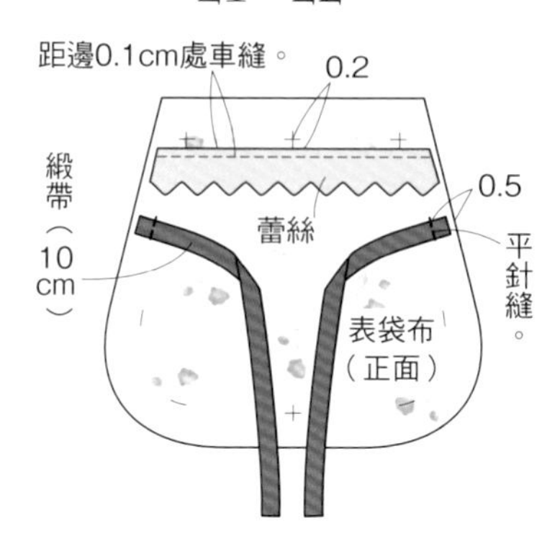

2 縫合脇邊＆底部，固定皮繩。

表袋布（正面）
②剪牙口。
表袋布（背面）
①車縫。
※裡袋布作法亦同。

表袋布（背面）
皮繩（8cm）
②翻回正面。
③接縫於縫份上。
皮繩（8cm）
表袋布（正面）
①內摺縫份。

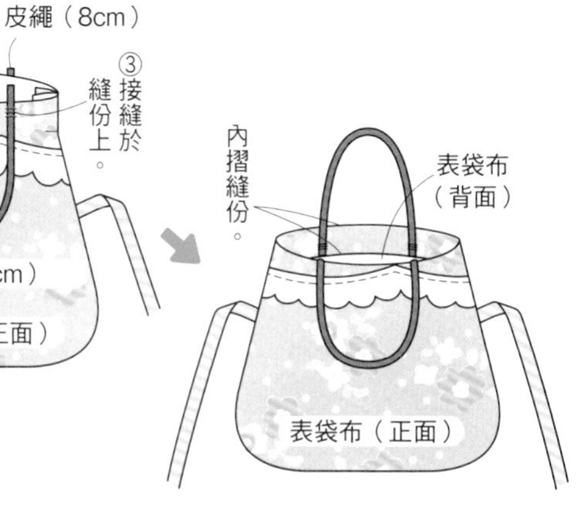

3 縫合袋口。

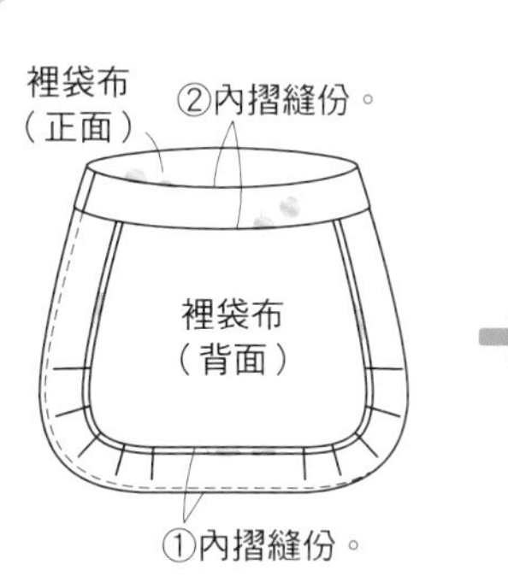

⧓ 完成 ⧓

20

21

22

⧓ 原寸紙型 ⧓

依○中的數字外加縫份後裁剪。

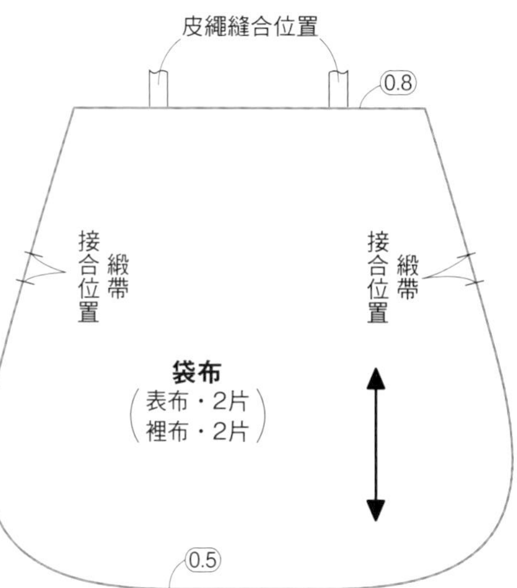

P.8 23・24・25

✿ 23材料
表布（印花棉布）8cm寬13cm
配布（條紋棉布）8cm寬17cm
皮帶 0.7cm寬11cm
平面釦（直徑5mm）2組

✿ 24材料
表布（印花棉布）16cm寬7cm
配布A（條紋棉布）8cm寬17cm
配布B（印花棉布）1.5cm寬2cm
皮帶 0.7cm寬11cm
平面釦（直徑5mm）2組

✿ 25材料
表布（棉布）8cm寬13cm
配布A（印花棉布）8cm寬17cm
配布B（印花棉布）4cm寬1.5cm
奇異襯 4cm寬1.5cm
皮帶 0.8cm寬11cm
平面釦（直徑5mm）2組

作法

1 縫合袋布。

※no.25的布標需以熨斗燙上奇異襯後，再熨燙黏貼於表布上。

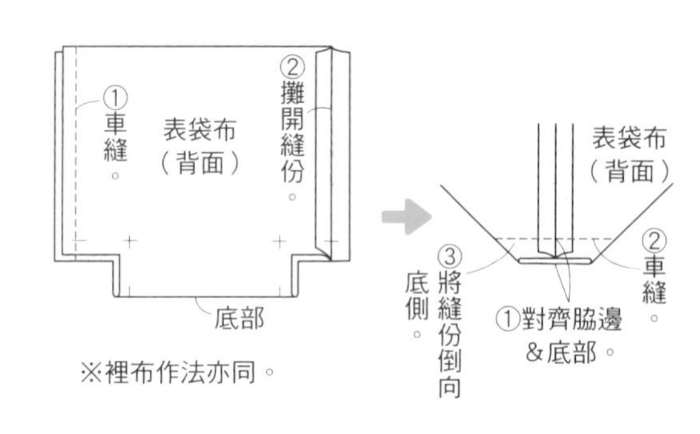

※裡布作法亦同。

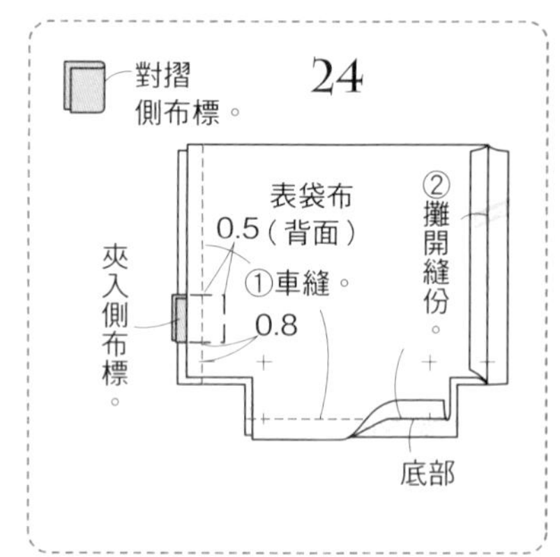

2 縫合袋口。

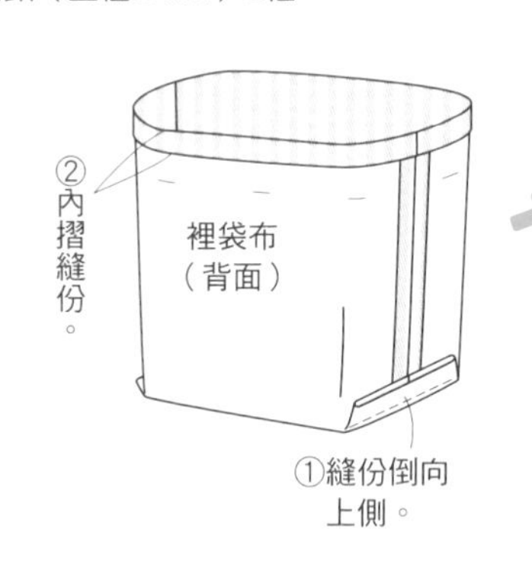

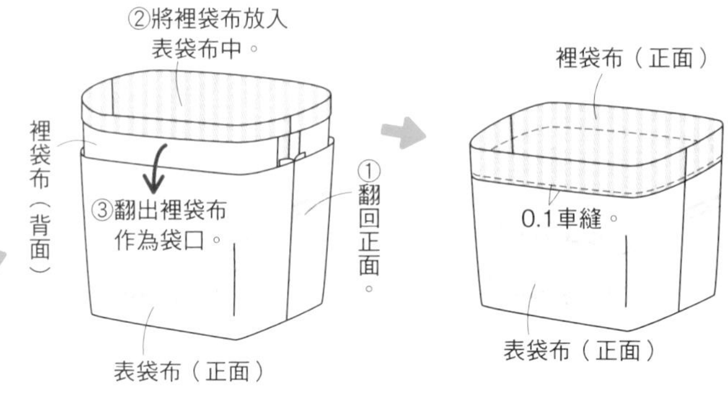

3 以平面釦固定皮帶。

以錐子在布&皮帶的接合位置打洞。

完成

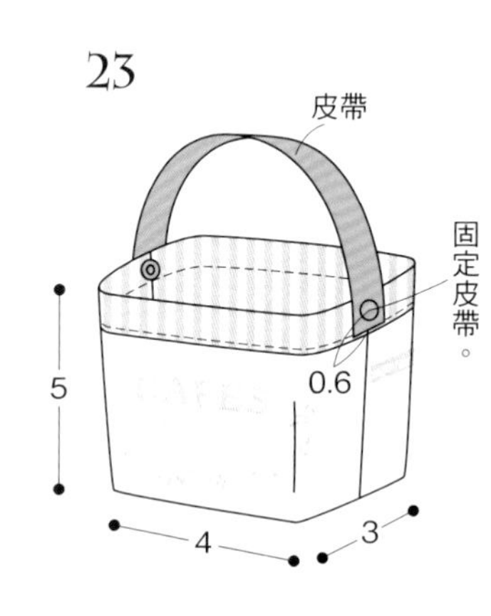

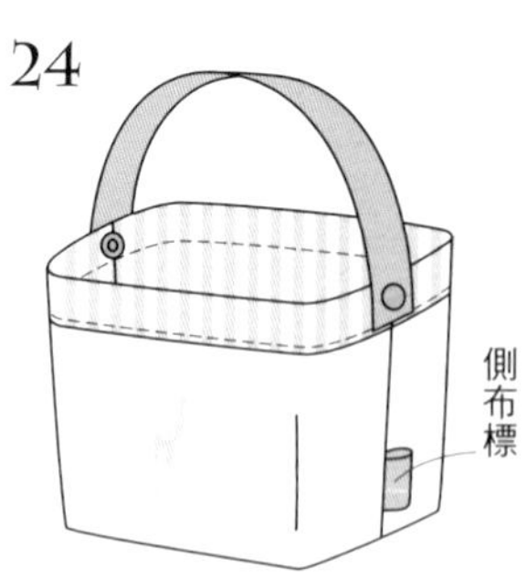

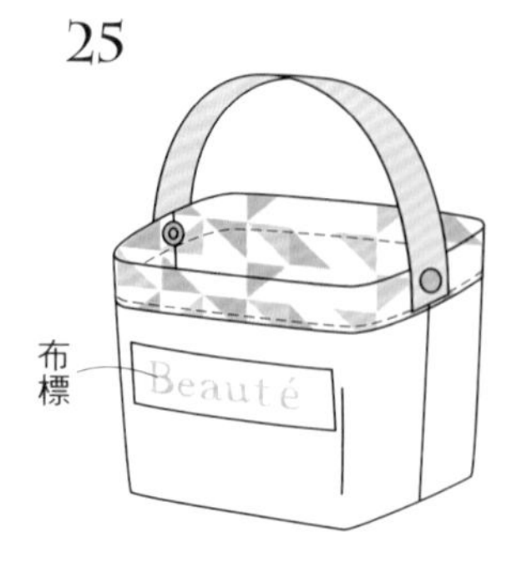

原寸紙型

依○中的數字外加縫份後裁剪。

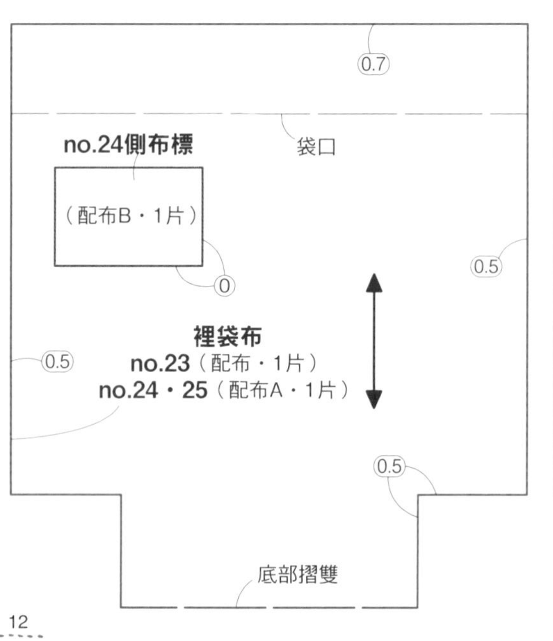

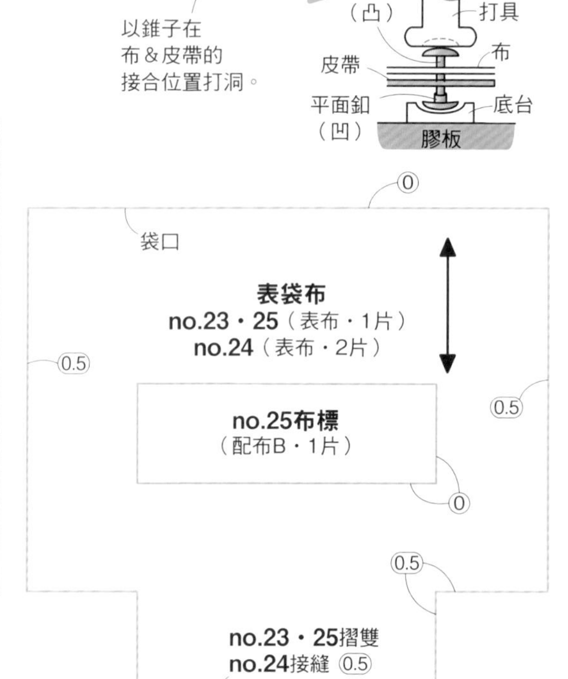

P.9 26·27·28

✿26 材料

表布（格子棉布）17cm寬14cm
配布（素色棉布）11cm寬8cm
裡布（條紋棉布）17cm寬15cm
鈕釦（直徑7mm）1個
手縫繡線

✿27 材料

表布（條紋棉布）11cm寬8cm
配布 A（印花棉布）11cm寬8cm
配布 B（素色棉布）6cm寬12.5cm
裡布（印花棉布）17cm寬15cm
鈕釦（直徑7mm）1個

✿28 材料

表布（印花棉布）11cm寬8cm
配布（素色棉布）17cm寬14cm
裡布（條紋棉布）17cm寬15cm
鈕釦（直徑7mm）1個
手縫繡線

原寸紙型
參見
P.61

作法

1 製作提把。

2 縫合袋布。

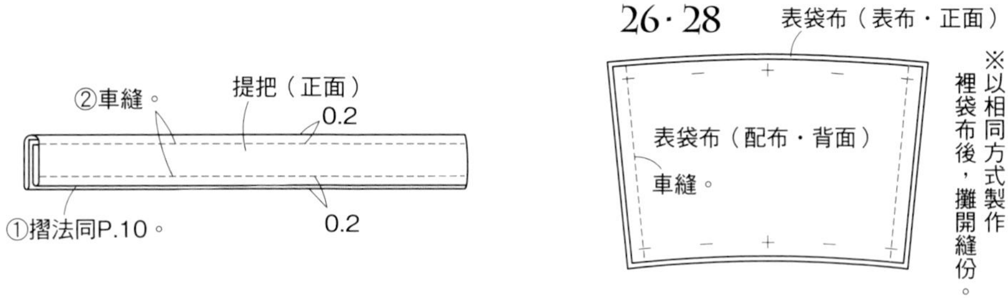

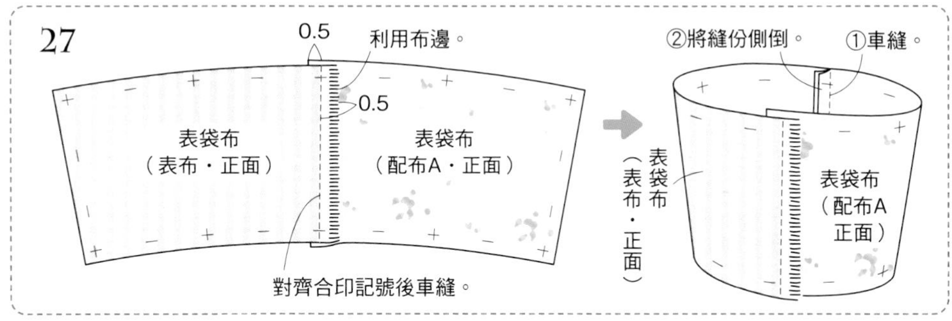

3 縫合底部&提把。

表袋布（表布・背面）
對齊脇邊。
平針縫。
表袋布（配布・正面）
0.8
0.2
0.2
0.3
提把
（正面）
以手縫繡線
固定縫份。（no.26・28）
表袋布
（表布・背面）
①翻回正面。
表袋布
（配布・背面）
表底（背面）
②車縫。
※裡袋布&裡底
也以相同方式製作。

4 縫合袋口

預留0.2
③內摺0.7cm。
裡袋布（背面）
④
將裡袋布
放入表袋布中。
②內摺縫份。
表袋布（正面）
①翻回正面。
②將提把&鈕釦
一起縫合固定。
提把
裡袋布（正面）
將裡袋布對齊表袋布的脇邊縫合線
1
0.2
0.2
內摺
0.8cm。
①車縫。
表袋布（正面）

完成

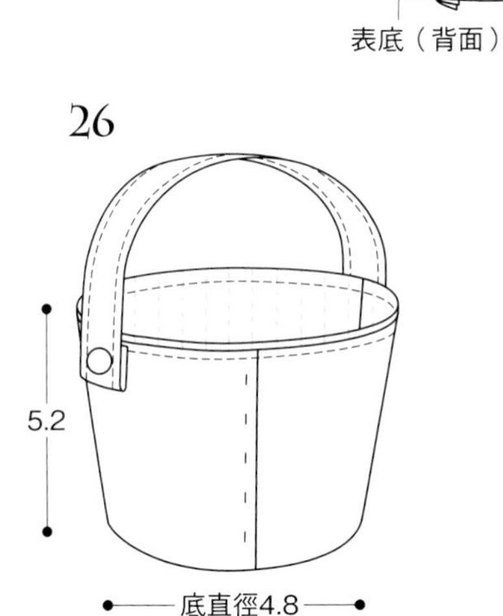

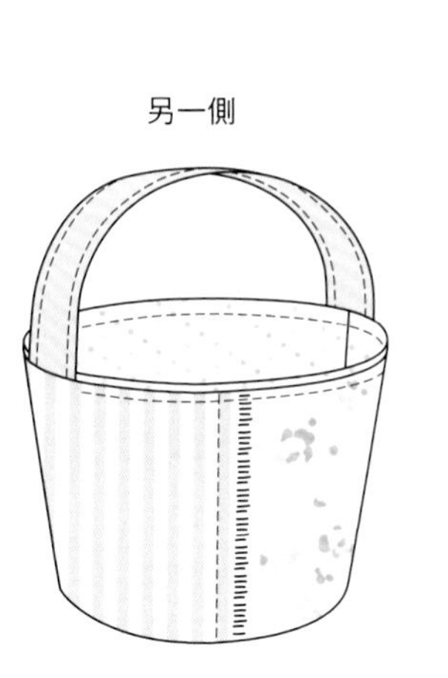

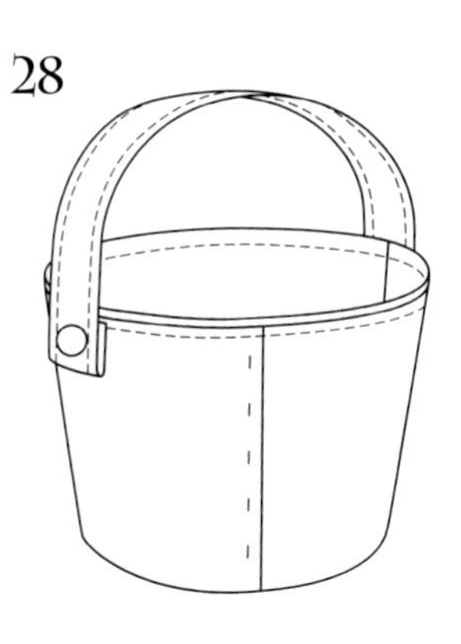

異材質拼接包

ローズトートバッグ・ウッドブローチ（スワロー）／JAMCOVER

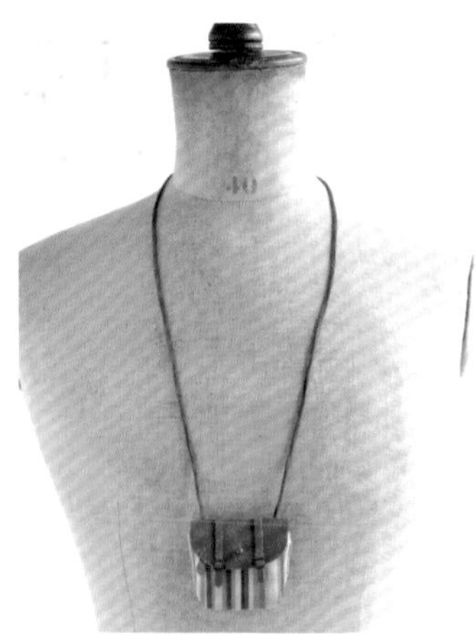

單一件就表現出不可忽略的存在感。

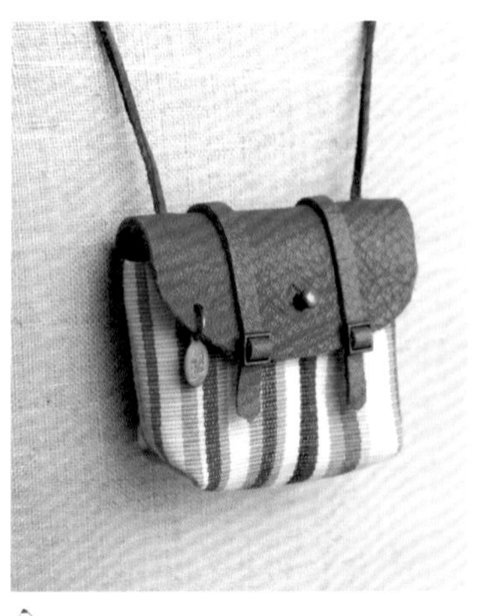

以釘釦配件使袋蓋可輕鬆開合。

皮革袋蓋布包

design ✿ 本橋よしえ
size ✿ 高4.5cm×長5cm×側幅2cm
how to make ✿ P.48

皮革上蓋×典雅色調的布料，呈現有如真品的質感，帶子&流蘇裝飾的仿真細節令人著迷！接上珠鏈可以作為包包吊飾，縫上皮繩則變身成項鍊。

金屬提鍊包

design ✿ 西村明子
size ✿ 高3cm×長3.8cm×側幅1cm
how to make ✿ P.18

將緞帶穿過鐵鍊作為包包的提帶。no.32與no.33分別使用斜紋軟呢布&蕾絲，主題是女孩風，no.34與no.35則以帶釦表現出復古風。

迷你香水瓶／AWABEES　別針／JAMCOVER

迷你椅子・雪茄盒／AWABEES

提把祖母包

design ✿ 西村明子
size ✿ 高5cm×長5cm
how to make ✿ P.49

將兩種不同的布料完美結合，作出帶有懷舊氣息的祖母包風格提把包。提把取材自製作小飾品時會用到的樹脂環。

皺褶包

design ✿ 花井仁美
size ✿ 高5cm×長6.5cm×側幅2.5cm
how to make ✿ P.19

抓皺＆色彩繽紛的設計相當時髦，單單一個也十分具有存在感。以蝴蝶結、花卉圖案、鈕釦、寶石……各種小裝飾增添可愛度。

復古線卷／JAMCOVER

作法

✿ 32至35共同材料（1個）
表布（32・33斜紋軟呢布　34・35棉麻印花布）8cm寬13cm
裡布（印花棉布）8cm寬13cm
布襯 8cm寬13cm
壓釦（4mm）1組
金屬鍊 0.4cm寬7.5cm

✿ 32 材料
緞帶 0.3cm寬8.5cm
珍珠串珠A（4mm）1個
珍珠串珠B（2mm）8個

✿ 33 材料
緞帶 0.3cm寬13.5cm
棉製粗線蕾絲 2.5cm寬11cm

✿ 34・35材料（1個）
豬麂皮 2cm寬9cm
迷你帶釦（圓形・內徑9mm）1個
手工藝白膠

原寸紙型
參見
P.62

1 製作袋蓋。

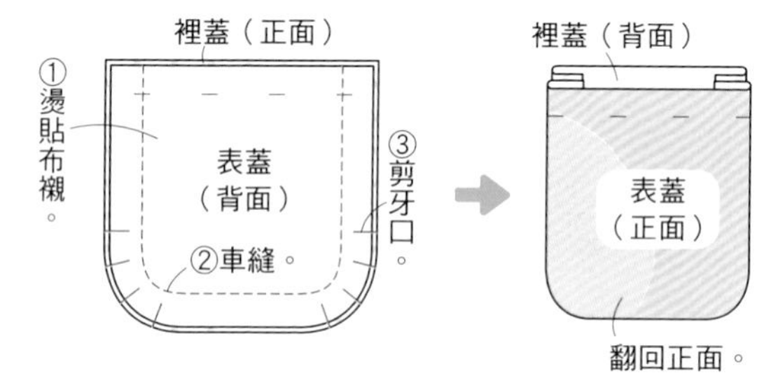

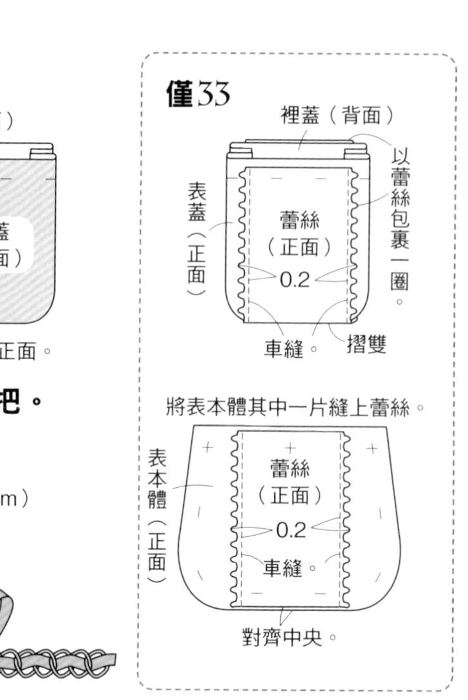

2 縫合本體＆側幅。

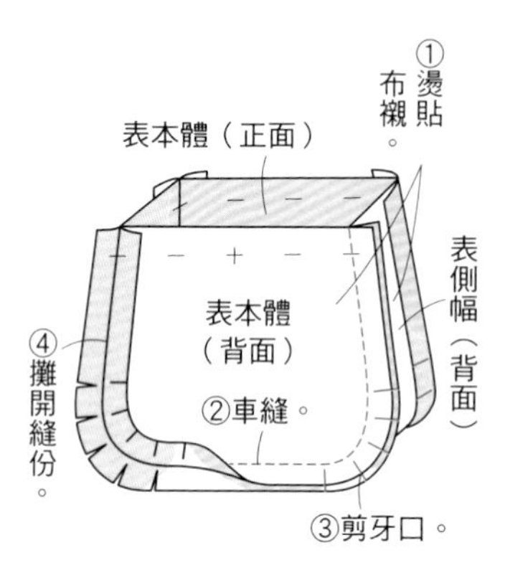

3 製作提把。

no.32・33
穿過緞帶（8.5cm）
no.34・35
穿過豬麂皮帶。

金屬鍊（7.5cm）

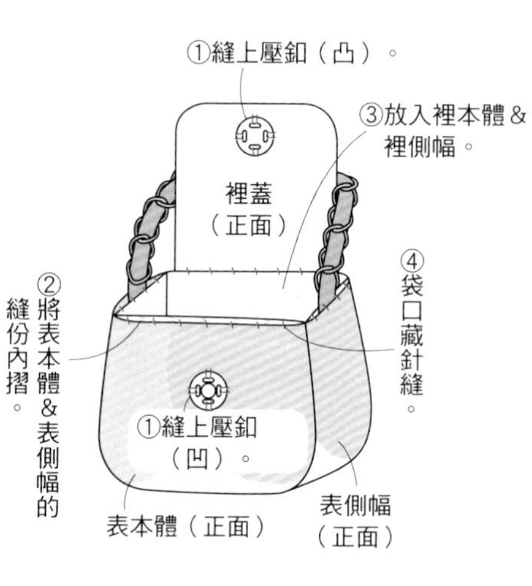

4 接縫袋蓋＆提把。

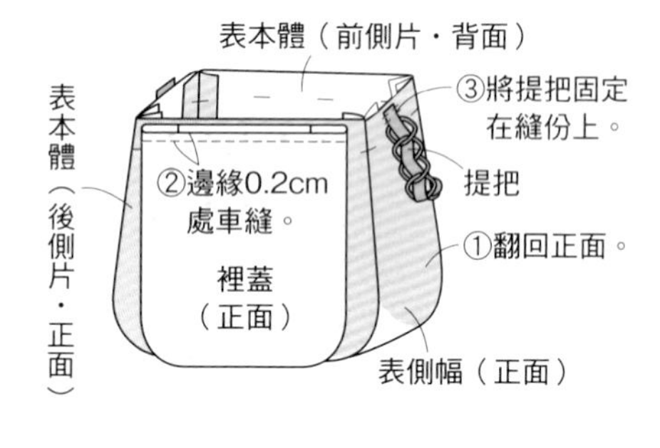

5 縫合袋口。

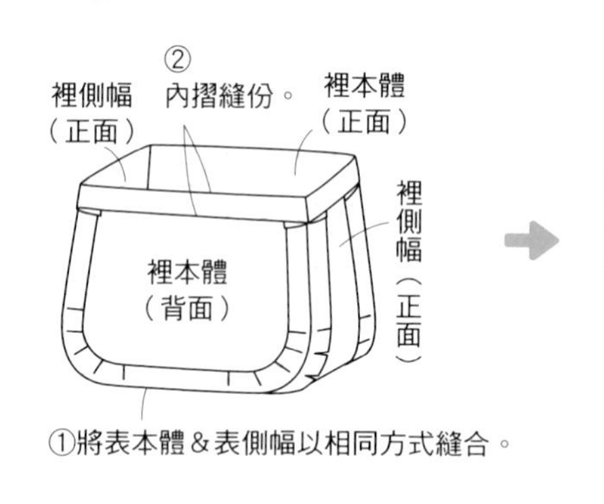

完成

P.17 39・40・41

✿ 39材料

表布（條紋棉布）10cm寬11cm
配布（印花棉布）6cm寬25cm
裡布（印花棉布）12cm寬25cm
棉製粗線蕾絲 1cm寬11cm
蝴蝶結裝飾（22mm×12mm）1個
棉珍珠（8mm）1個

✿ 40材料

表布（印花棉布）6cm寬11cm
配布（印花棉布）6cm寬25cm
裡布（印花棉布）12cm寬25cm
刺繡小花緞帶 0.7cm寬30cm
棉製粗線蕾絲 1.2cm寬12cm
花形鈕釦（直徑15mm）1個
手工藝白膠

✿ 41材料

表布（印花棉布）10cm寬11cm
配布（素色木綿）6cm寬25cm
裡布（印花棉布）12cm寬25cm
棉製粗線蕾絲 0.9cm寬9cm
花形裝飾（15mm紫色・奶油色）各1個
寶石（8mm）1個

原寸紙型
參見
P.62

⧓ 作法 ⧓

1 將表袋布縫上蕾絲・小花緞帶（39・40）

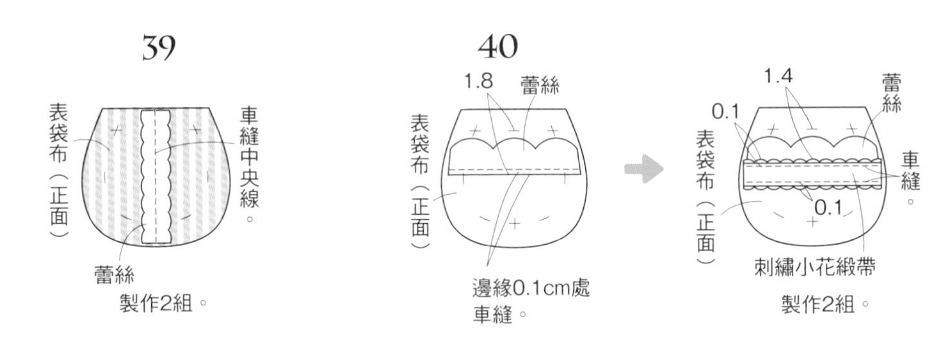

2 將側幅作出抽摺。

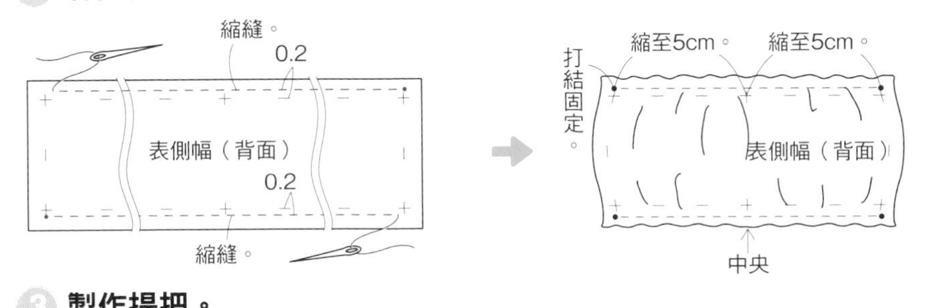

3 製作提把。

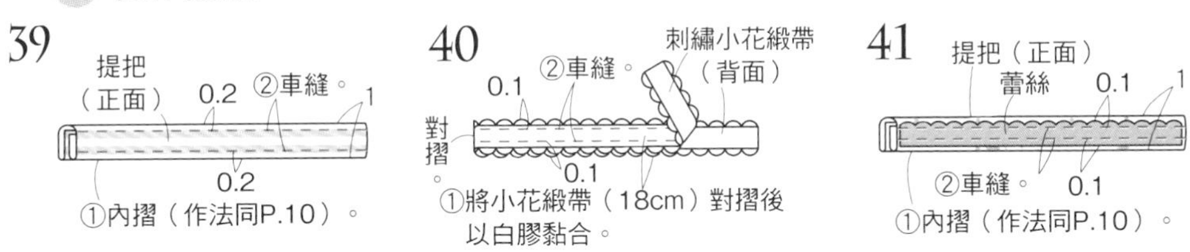

4 縫合袋布＆側幅。

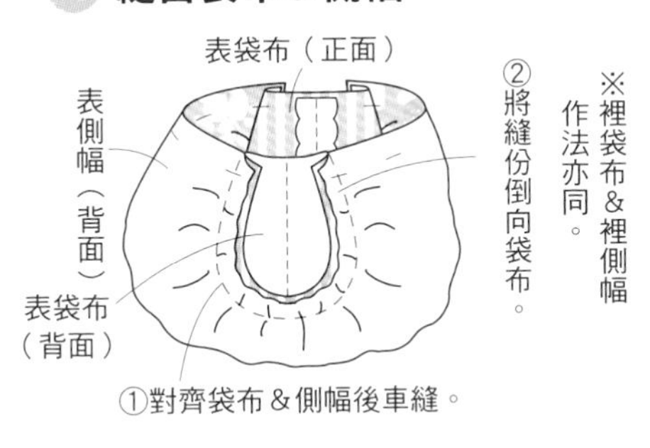

5 摺製袋口。

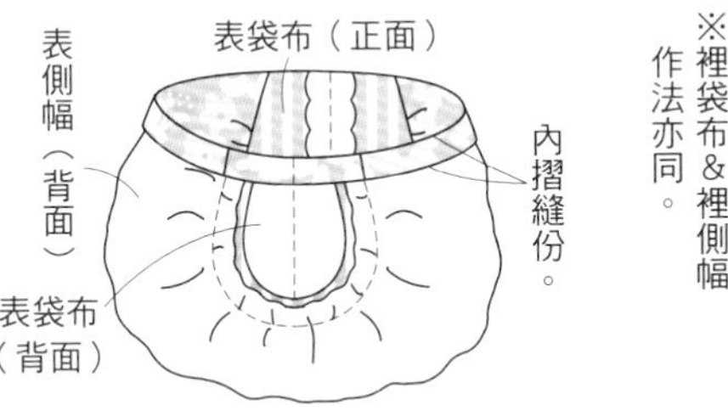

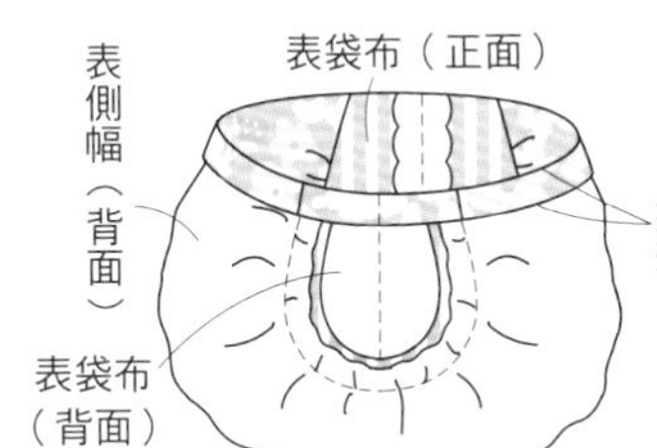

6 縫合袋口。

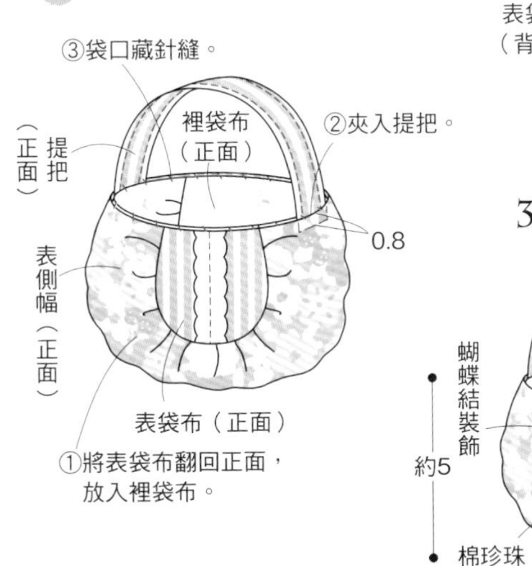

⧓ 完成 ⧓

39

縫牢固定。
蝴蝶結裝飾
1.2
約5
棉珍珠
1
約2.5
約6.5

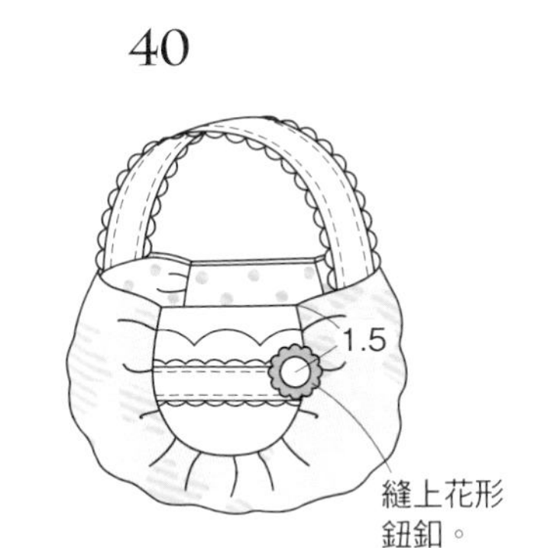

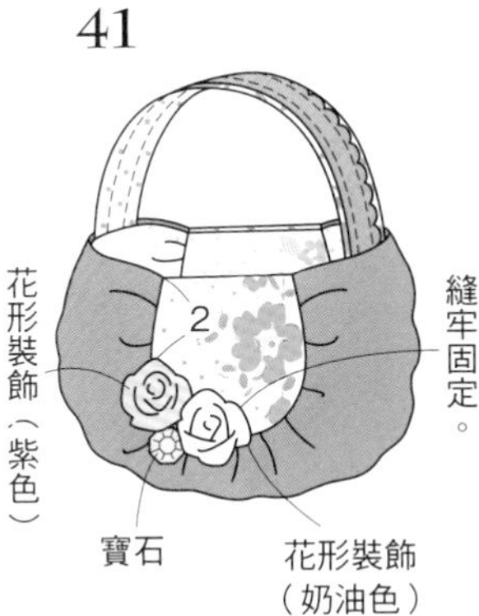

趣味造型の迷你袖珍包

42

43

44

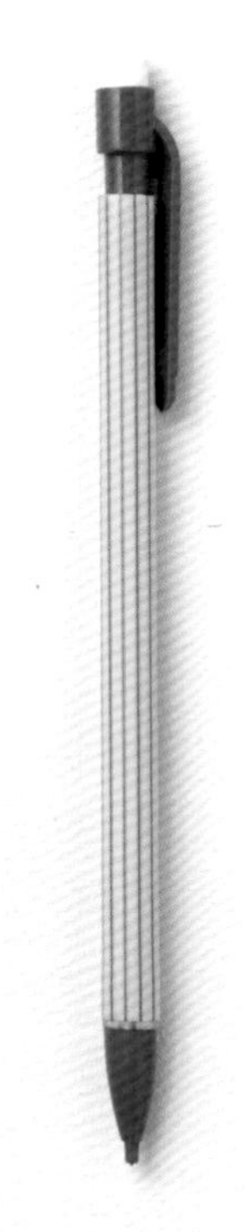

自動筆／JAMCOVER
橡皮擦／AWABEES

迷你後背包

design ✿ nikomaki*
size ✿ 高6cmx長4.7cmx側幅1.2cm
how to make ✿ P.26

配色時尚又可愛的迷你後背包。
上蓋可以開合，背帶也能調整長短，
真是麻雀雖小五臟俱全呀！
大量製作拿來贈予朋友們應該會很受喜愛喔！

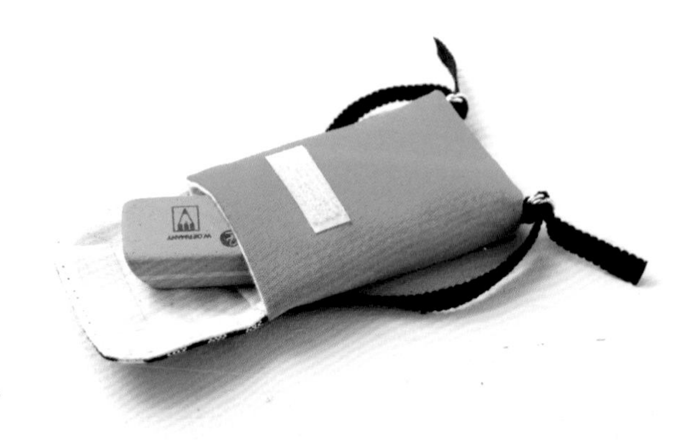

便利的魔鬼氈。

小小郵差包

design ✿ nikomaki*
size ✿ 高2.6cm×長3cm×側幅1.8cm
how to make ✿ P.27

休閒的迷你郵差包。肩帶使用羅紋緞帶，袋蓋＆袋身上的標籤如同正常包款般精緻。肩帶可拆卸調整，作為鑰匙圈也很ok喔！

↑ 便利的魔鬼氈。

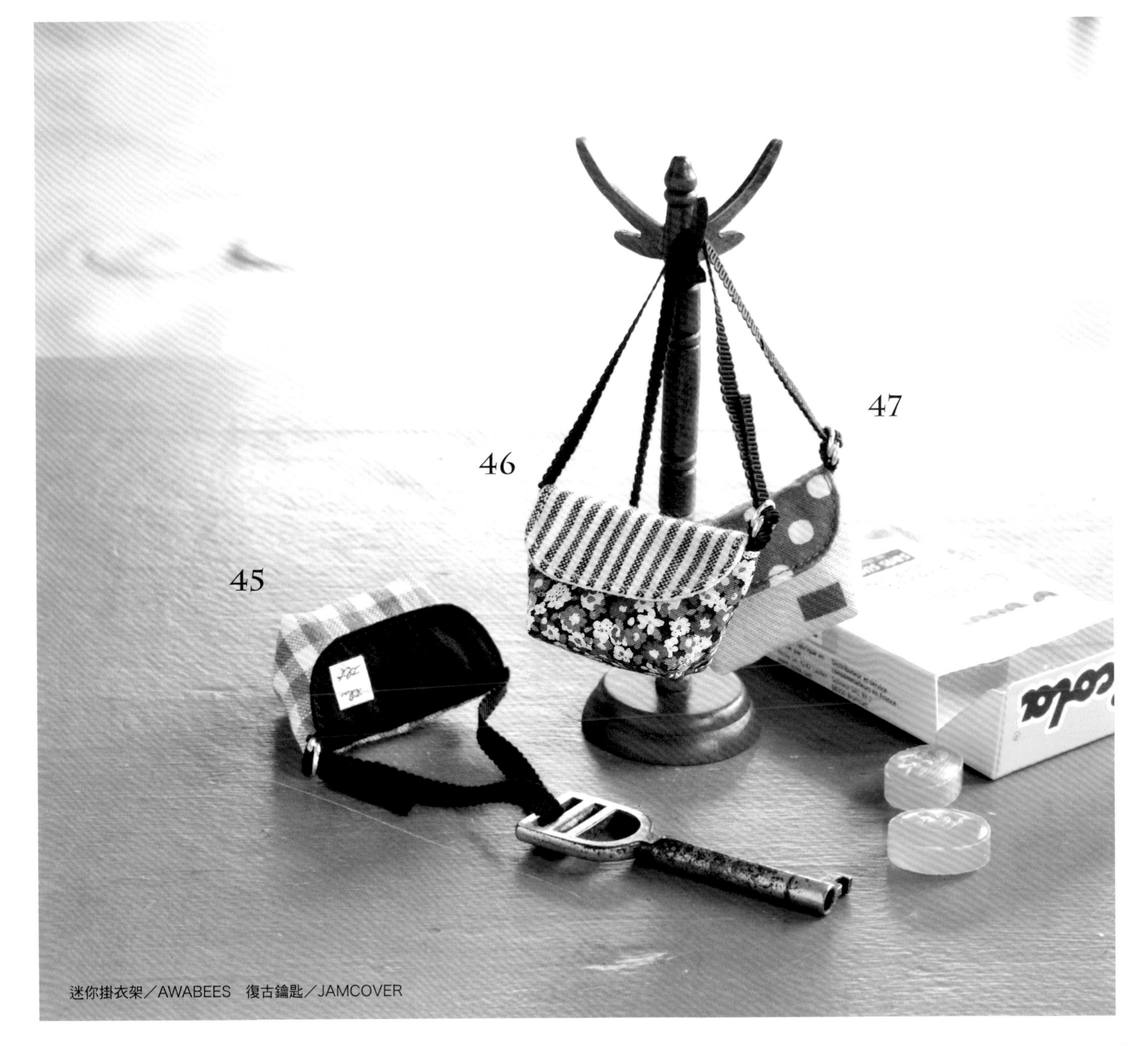

迷你掛衣架／AWABEES　復古鑰匙／JAMCOVER

圓筒化妝包

design ✿ 猪俣友紀
size ✿ 高8cm×側幅直徑約4cm
how to make ✿ P.28

選用溫暖的斜紋軟呢布＆皮革提把是其魅力所在。圓筒形的包包雖然尺寸迷你，但內容量大，十分便利喔！兩側的圓形側幅使用了塑膠的包布釦，以增加耐用度。

鈕釦紙／JAMCOVER

梯形波士頓包

design ✿ 猪俣友紀
size ✿ 高5.5cm×長7.5cm×側幅3cm
how to make ✿ P.29

雖然是迷你尺寸，卻具有大容量實用感的波士頓包。兩種不同的布料拼接搭配得宜，復古的金色拉鍊營造出成熟的大人感。

以雙重金屬環穿過提把
再穿過金屬吊飾鍊，
拿來裝飾包包也很不錯喔！

圓角行李箱

design ✿ 本橋よしえ
size ✿ 高3.5cm×長4.5cm×側幅2cm
how to make ✿ P.50

結合布＆厚紙板，以手工藝白膠仿真製作的可愛圓角行李箱。布料組合將影響整體氛圍，選擇自己喜愛的布料來製作吧！

迷你微縮小物／AWABEES

將大小適宜的迷你小物放入行李箱中吧！

地圖・票券／AWABEES

四角行李箱

design ✿ 本橋よしえ

size ✿ 高4.6cm×長6.2cm×側幅2.2cm

how to make ✿ P.52

顏色繽紛的四角行李箱。在帶子上加裝金屬釦環，可以自由開闔的設計超逼真！提把處則配合布料掛上小裝飾。

打開行李箱，
上蓋處還有口袋喔！

P.20 42·43·44

✿42·43·44 共同材料（1個）
羅紋緞帶 0.5cm寬36cm
圓形金屬環（內徑5mm）4個
魔鬼氈（可黏貼型）2.5cm寬0.8cm

✿42 材料
表布（素色棉布）12cm寬8cm
配布（格子棉布）6cm寬5cm
裡布（素色棉布）12cm寬13cm

✿43 材料
表布（條紋棉布）12cm寬8cm
配布 A（素色棉布）6cm寬5cm
配布 B（印花棉布）6cm寬5cm
配布 C（印花棉布）1cm寬1cm
裡布（素色棉布）12cm寬8cm
奇異襯 1cm寬1cm

✿44材料
表布（素色青年布）12cm寬8cm
配布（印花棉布）12cm寬5cm
裡布（素色棉布）12cm寬8cm

作法

1 製作表袋布。

※no.43的布標需墊入奇異襯，熨燙黏貼於表布上。

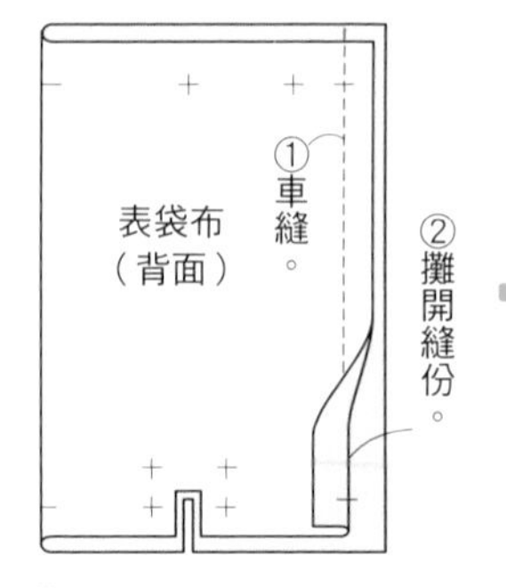

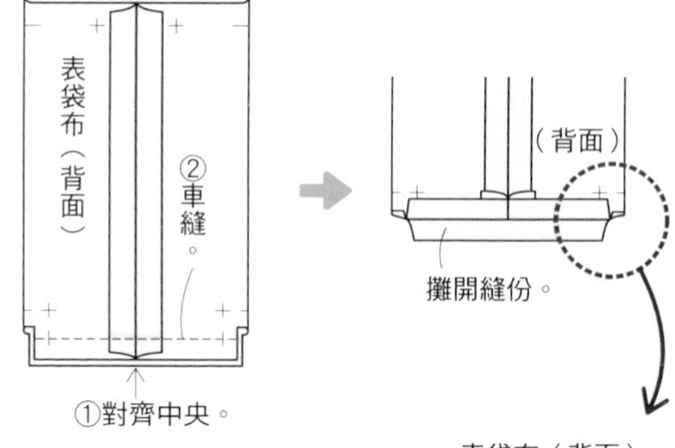

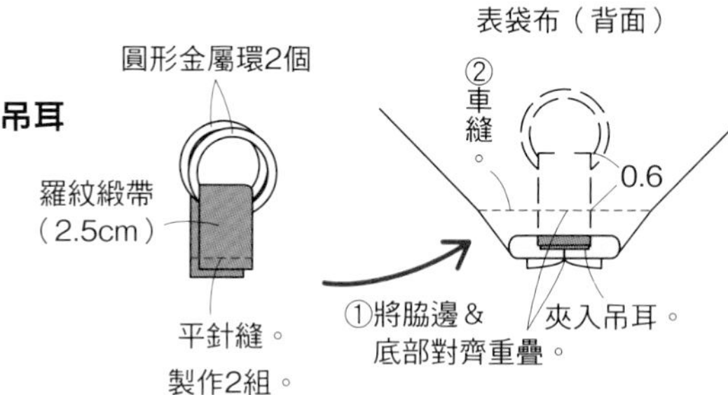

2 製作裡袋布。

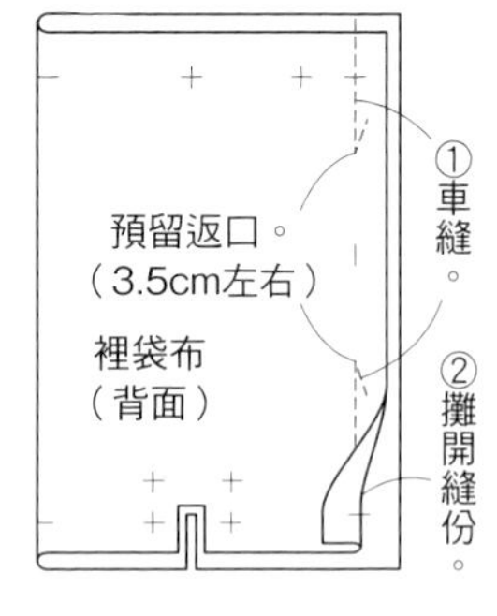

※以表袋布相同作法縫製側幅。

3 製作袋蓋。

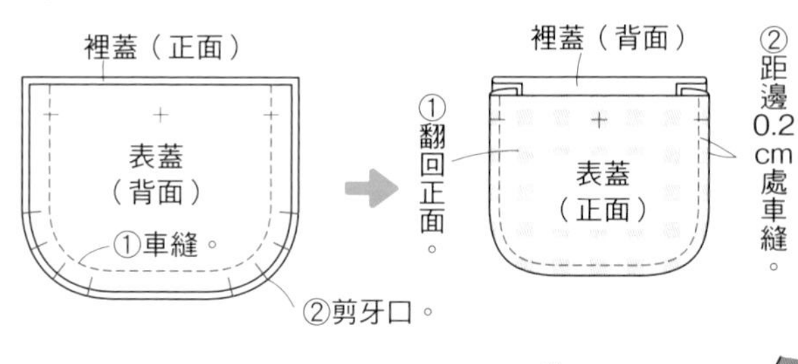

4 縫合袋口。

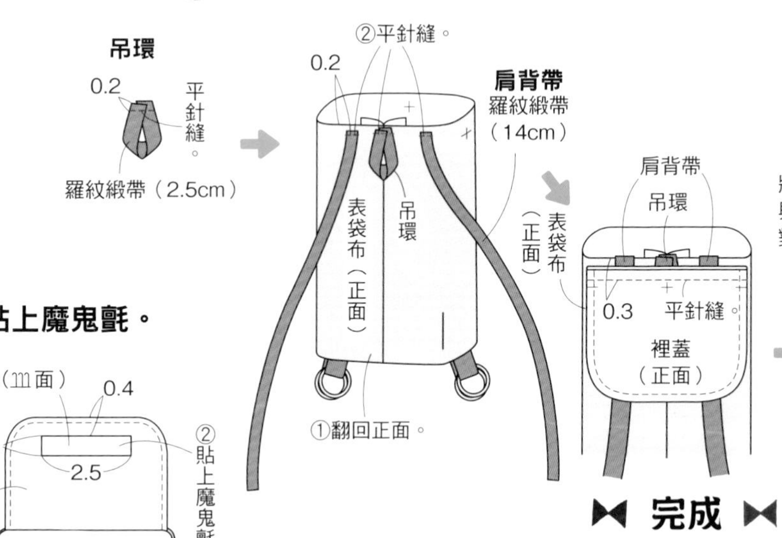

5 貼上魔鬼氈。

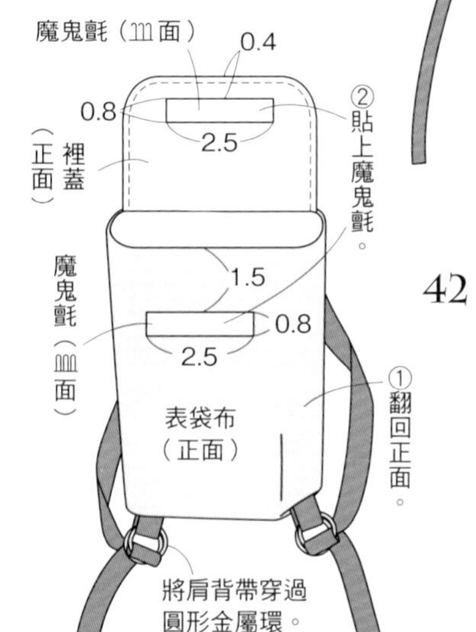

完成

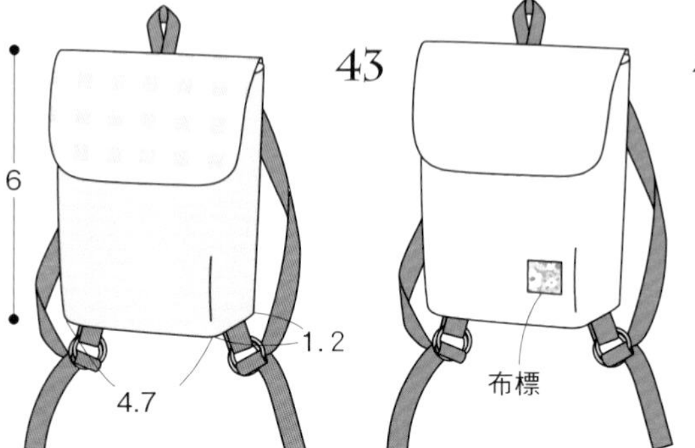

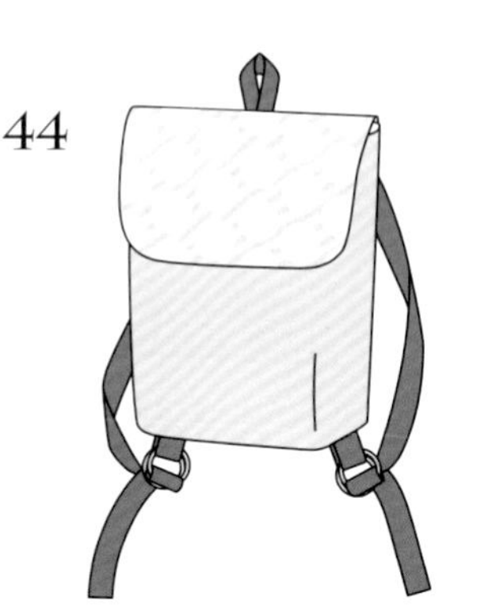

原寸紙型參見P.27

P.21 45・46・47

✿45・46・47 共同材料（1個）
羅紋緞帶 0.5cm寬21cm
圓形金屬環（內徑5mm）2個
魔鬼氈（可黏貼型）2.5cm寬0.8cm

✿45 材料
表布（格子棉布）12cm寬5cm
配布A（素色棉布）11cm寬4cm
配布B（印花棉布）1cm寬1cm
裡布（素色棉布）12cm寬5cm
奇異襯 1cm寬1cm

✿46 材料
表布（印花棉布）12cm寬5cm
配布A（條紋棉布）6cm寬4cm
配布B（印花棉布）6cm寬4cm
裡布（素色棉布）12cm寬5cm

✿47 材料
表布（素色棉布）12cm寬5cm
配布A（印花棉布）11cm寬4cm
配布B（印花棉布）1cm寬1cm
裡布（素色棉布）12cm寬5cm
奇異襯 1cm寬1cm

原寸紙型

預留○內數字的縫份後再裁剪。

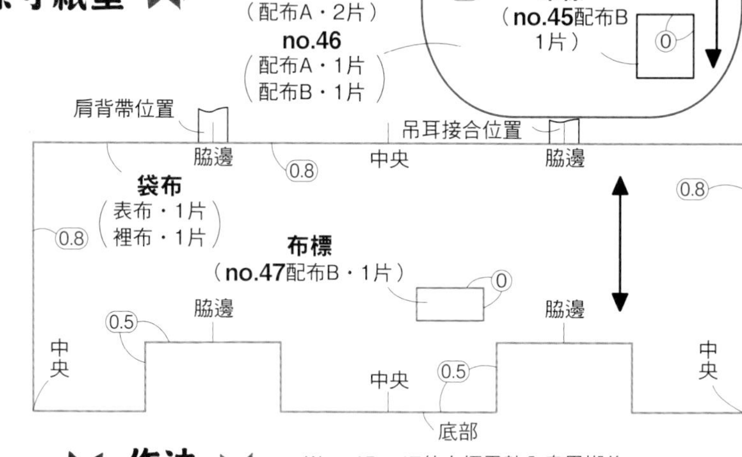

作法

※no.45・47的布標需墊入奇異襯後熨燙黏貼。

1 製作袋布。

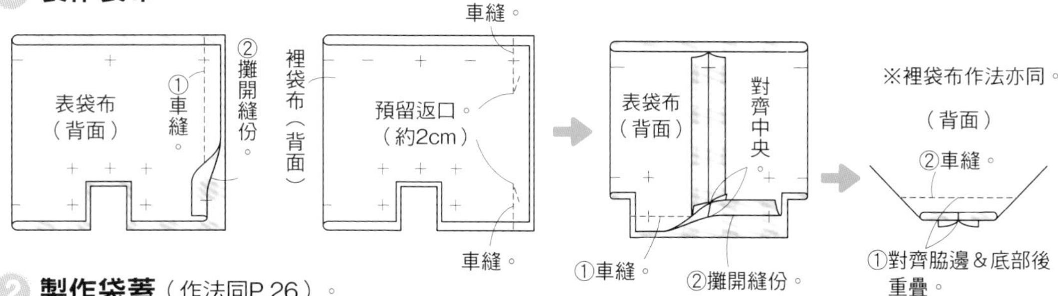

2 製作袋蓋（作法同P.26）。

3 縫合袋口（作法同P.26）。

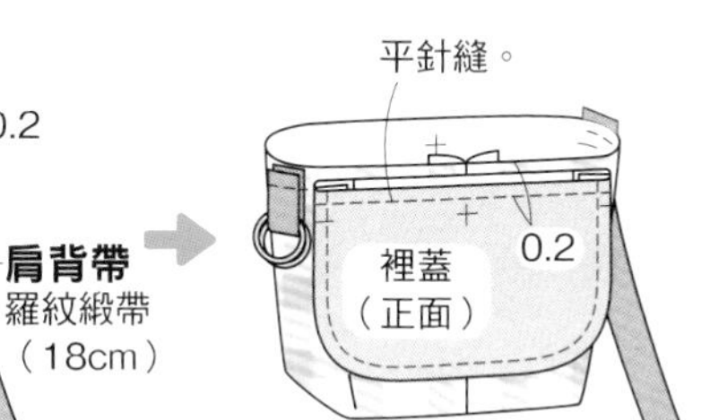

4 貼上魔鬼氈。

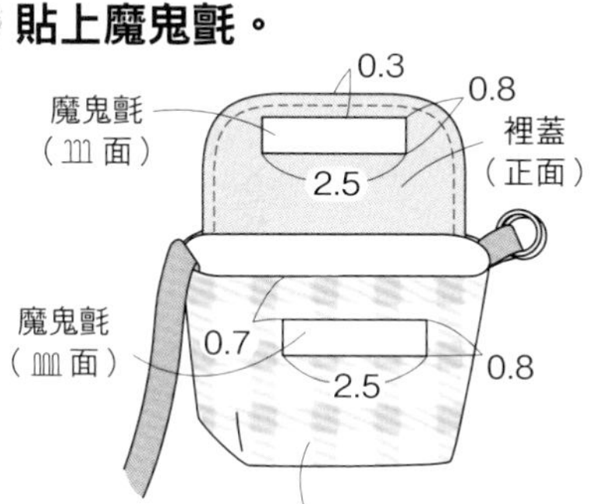

P.20 42・43・44 原寸紙型

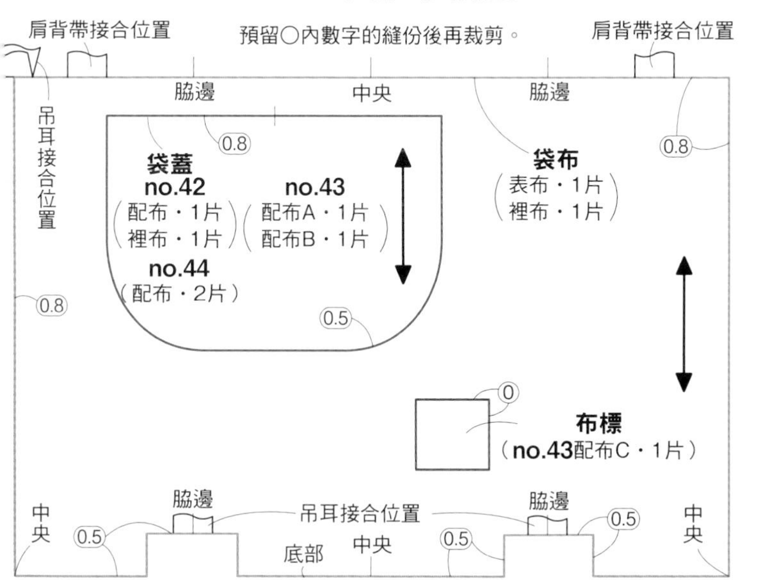

完成

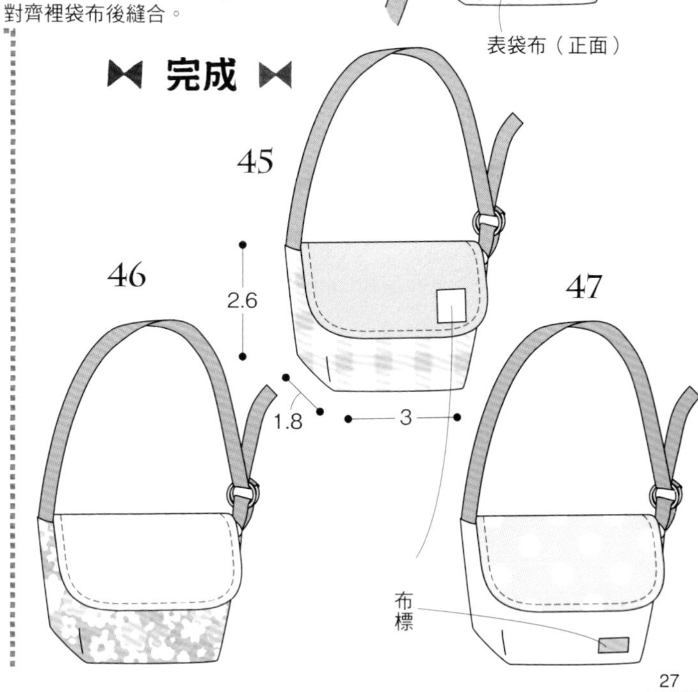

作法

材料

表布（羊毛）16cm寬15cm
裡布（條紋棉布）16cm寬15cm
薄紗蕾絲 2.5cm寬5cm
拉鍊 10cm 1條
塑膠包布釦（40mm）2個
皮革帶子 0.6cm寬24cm
麻質帶子 1.2cm寬6cm
D形環（內徑12mm）2個
蠟繩

1 裝上蕾絲&拉鍊。

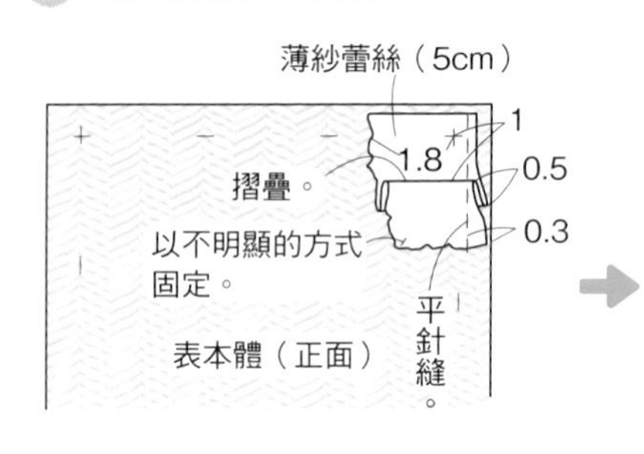

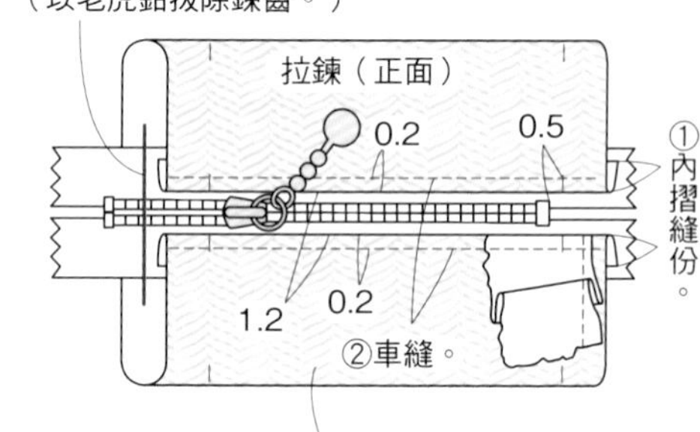

2 縫合裡本體。

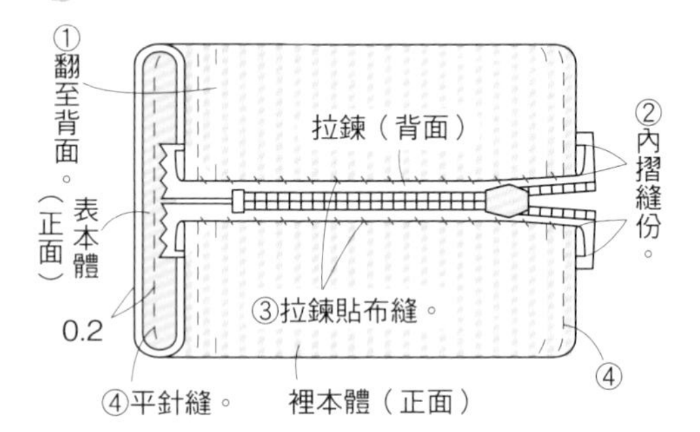

3 拉鍊貼布縫。

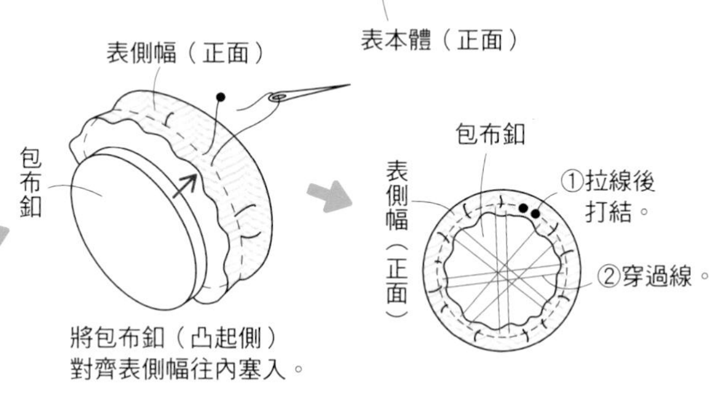

4 縫上吊耳。

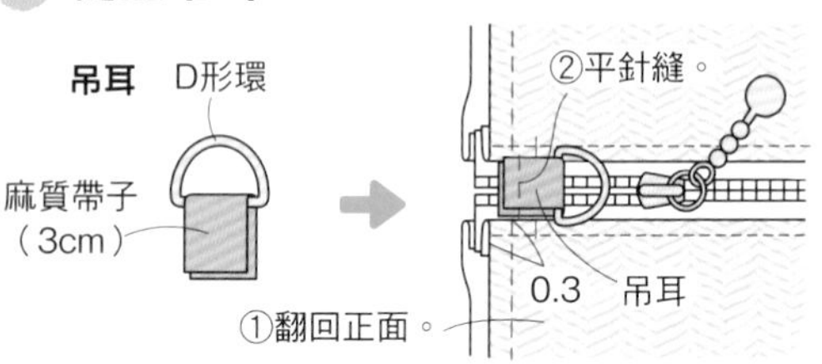

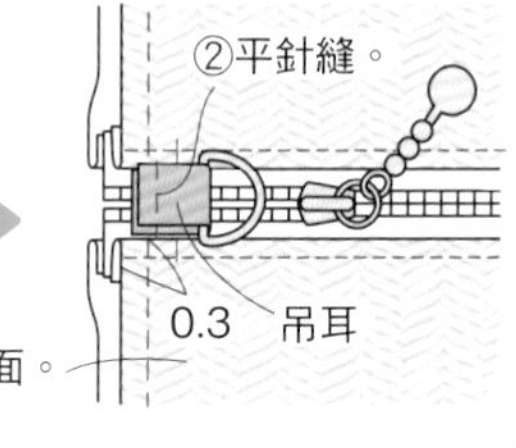

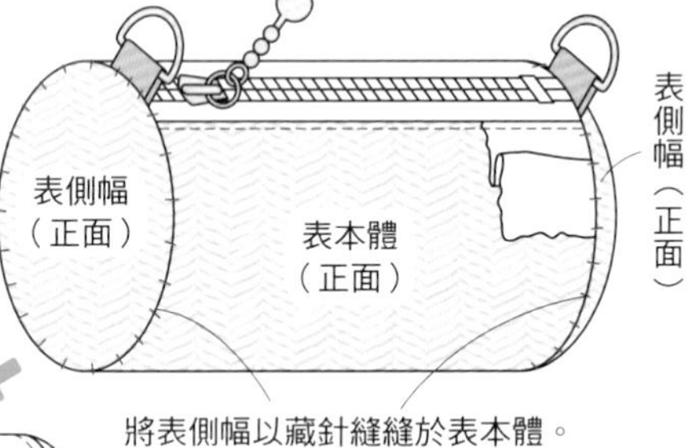

5 接縫側幅。

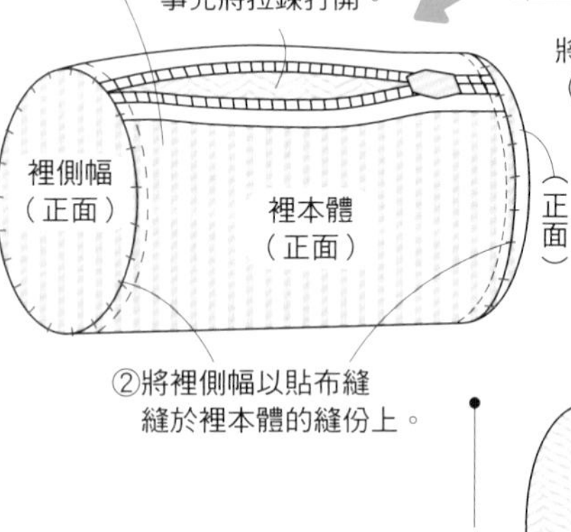

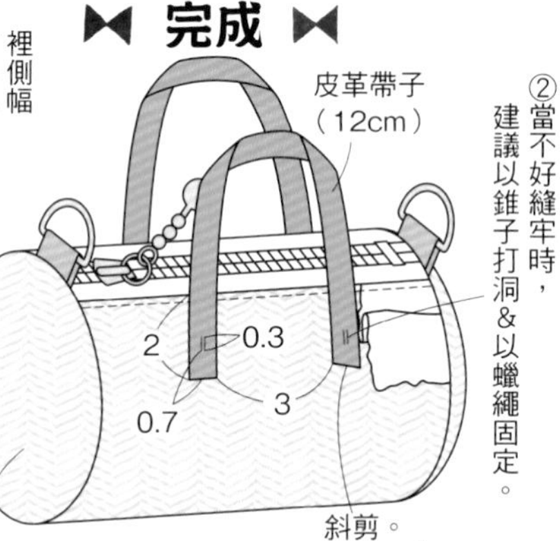

原寸紙型

預留○內數字的縫份後再裁剪。

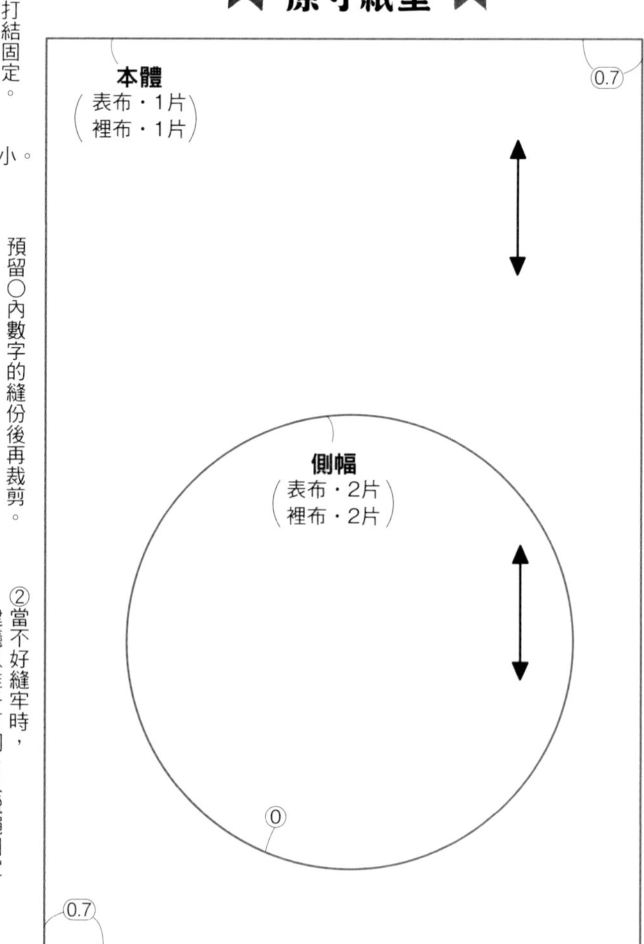

P.23 49・50

✿49材料

表布（條紋棉布）20cm寬14cm
別布（印花棉布）9cm寬11cm
裡布（印花棉布）15cm寬16cm
拉鍊 10cm 1條
緞帶 0.7cm寬30cm
織帶 1.2cm寬7cm
雙圈（內徑7mm）2個

✿50材料

表布（印花棉布）20cm寬14cm
別布（印花棉布）9cm寬11cm
裡布（印花棉布）15cm寬16cm
寬皮革帶 1.5cm×0.8cm
拉鍊 10cm 1條
緞帶 0.7cm寬30cm
織帶 1.2cm寬7cm
雙圈（內徑7mm) 2個
包包吊飾金屬鍊 長14.7cm 1條
橡膠黏合劑

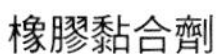

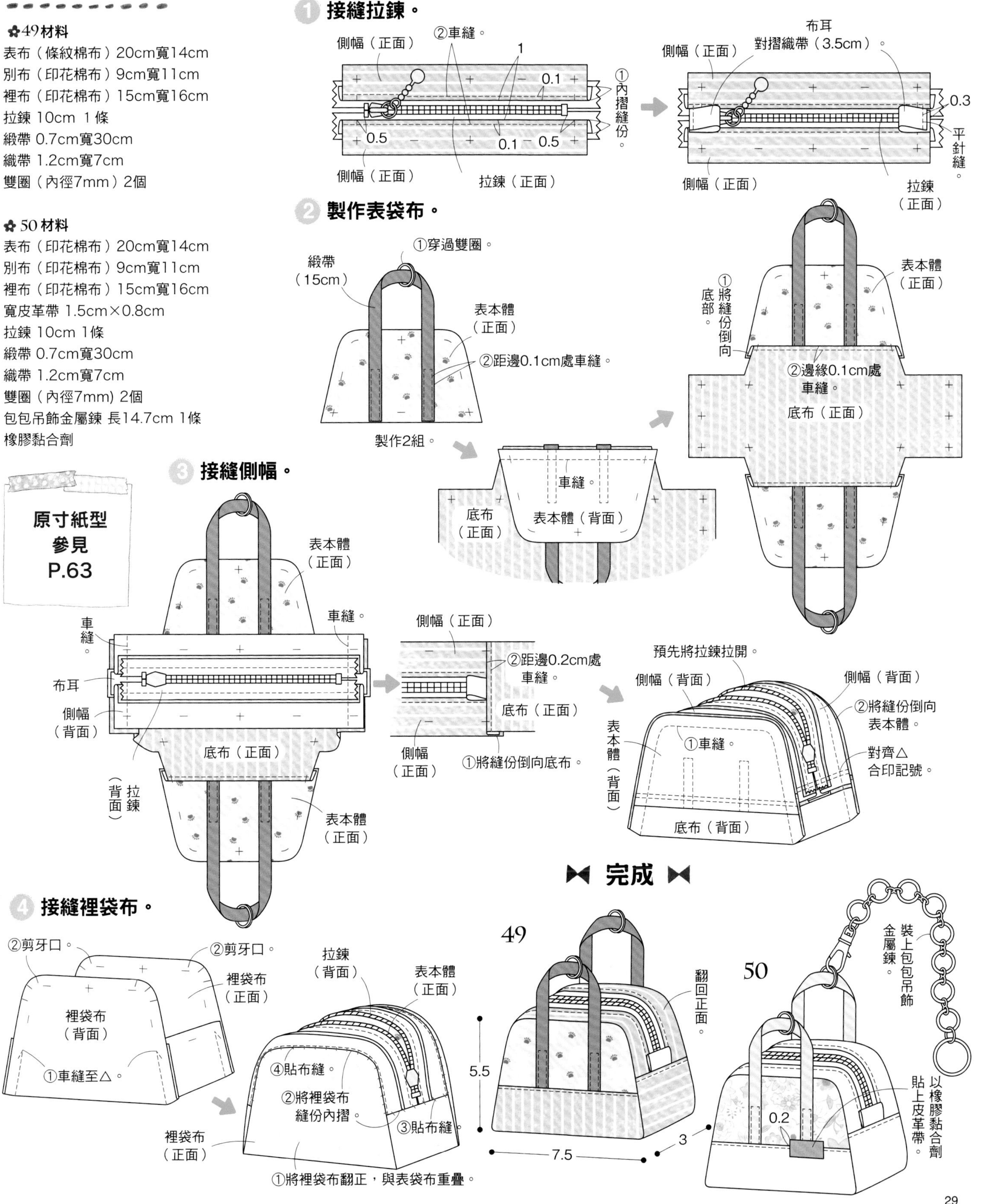

樂趣十足の
袖珍時尚布小物

迷你海軍帽

design ✿ 金丸かほり
size ✿ 高約 3cm×長4.5cm
how to make ✿ P.54

擁有美麗造型的海軍帽，寬寬的帽簷很是迷人。有素色布料搭配條紋緞帶＆格子布款，有兩種可以選擇。

手指人偶／JAMCOVER
木頭牆壁掛架／AWABEES

因為造型鮮明，
隨意擺放的畫面也像是一幅畫般。

小小仕女圓帽

design ✿ 西村明子
size ✿ 高約 1.5cm×長5.5cm
how to make ✿ P.55

給人浪漫印象的迷你仕女帽，點綴上緞帶＆金屬飾品更是大加分。加上別針後搭配衣服配戴，可是非常時髦喔！

迷你衣架・火柴盒／AWABEES

手帕（雨滴）・雨傘髮夾
禮物盒／JAMCOVER

迷你靴子

design ✿ nikomaki*
size ✿ 高4.2cm×鞋長3cm
how to make ✿ P.56

每個細節都很精緻的靴子，就好像真品一樣。外側不織布＆內側布料的搭配散發著質感的光芒，加上鈕釦或標籤也很可愛唷！

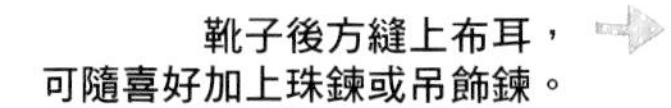
靴子後方縫上布耳，
可隨喜好加上珠鍊或吊飾鍊。

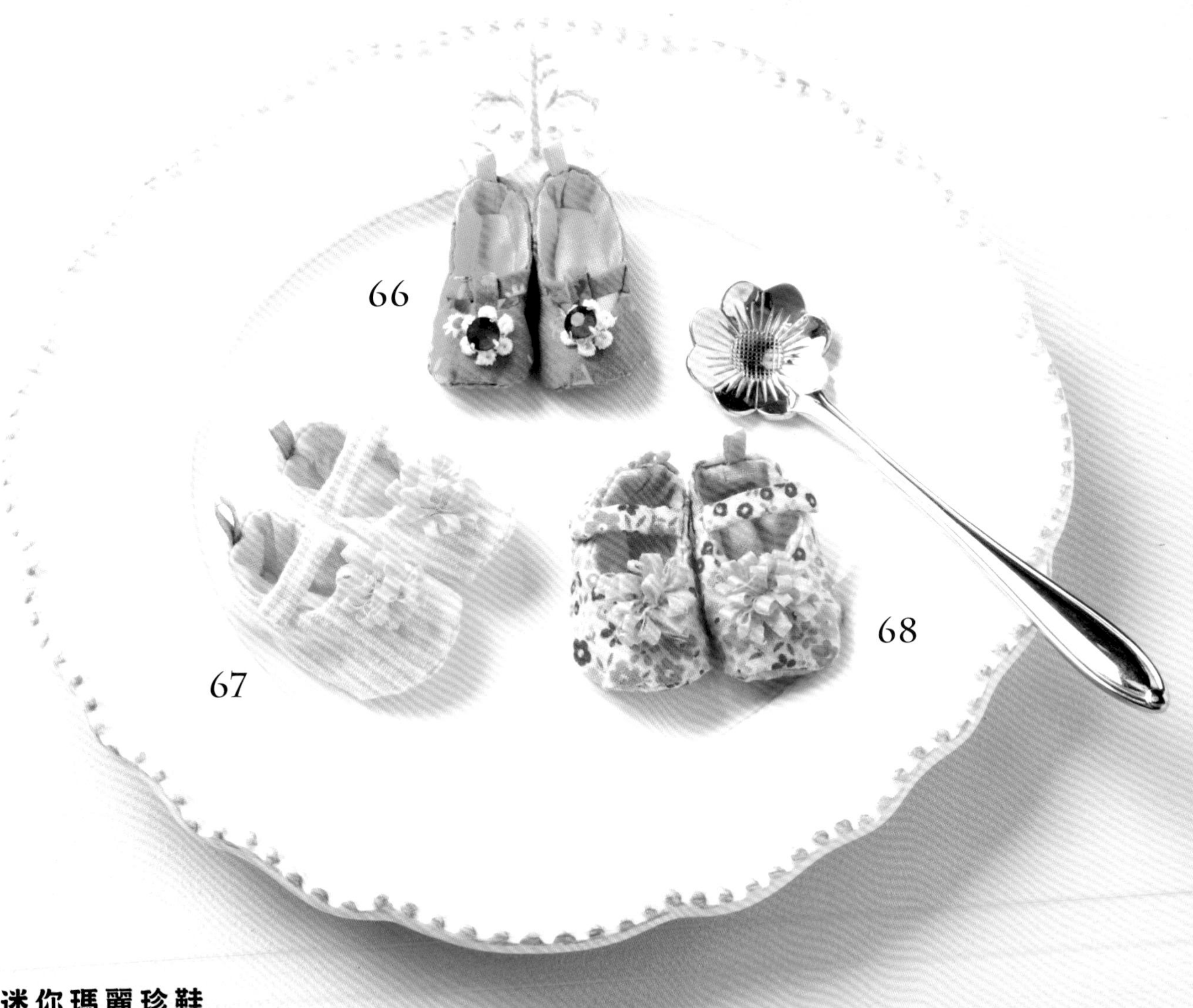

迷你瑪麗珍鞋

design ✿ 花井仁美
66 size ✿ 高1.2cm×鞋長5cm
67・68 size ✿ 高1.4cm×鞋長5cm
how to make ✿ P.57

可愛糖果色系的迷你瑪麗珍鞋。No.66是寶石閃閃發亮的T字居家鞋，no.67・68則是裝飾著花朵的瑪麗珍造型鞋。

雨鞋筆筒／AWABEES

小小花傘

design ✿ 本橋よしえ
size ✿ 約10cm
how to make ✿ P.58

以迷你size製作的收合傘。束口處以鈕釦製作成活動式的設計，休閒的點點＆女孩氣息的小花圖騰，兩款都很cute！

在布耳上穿入珠鍊，
掛在包包的提把上也很時髦呢！

可以製作各種不同配色的作品，就好像每天挑選穿著一般，依據當日心情來變換各種搭配也很有樂趣。

衣櫥OPEN！穿搭掛飾組

design ✿ 更科レイコ
size a（上衣）✿ 長5cm×寬6.3cm
size b（褲子）✿ 長4.5cm×寬約5cm
size c（手提包）✿ 長2cm×寬2.7cm
size d（洋裝）✿ 長7cm×裙擺22cm
how to make ✿ P.36

迷你上衣、褲子、手提包、洋裝排成一列的掛飾，立刻裝飾在房間的牆面吧！

✿ 上衣（a）材料
a布（麻）18cm寬7cm
化纖蕾絲 1cm寬12cm
鈕釦（直徑3.5mm）3個
手縫繡線（MOCO）

✿ 褲子（b）材料
b布（丹寧布）20cm寬7cm
麻繩 0.5cm寬10cm
鬆緊帶 0.3cm寬7cm
手縫繡線（MOCO）

✿ 手提包（c）材料
不織布（咖啡色）6cm×5cm
鈕釦（直徑5mm）1個
壓釦（7mm）1組
皮繩（粗1.5mm）7cm

✿ 洋裝（d）材料
c布（棉紗印花布）30cm寬9cm
鬆緊帶 0.5cm寬10cm

✿掛飾材料
麻繩（粗3mm）40cm
木夾（25mm）6個

上衣の作法

1 縫合肩線＆脇邊。

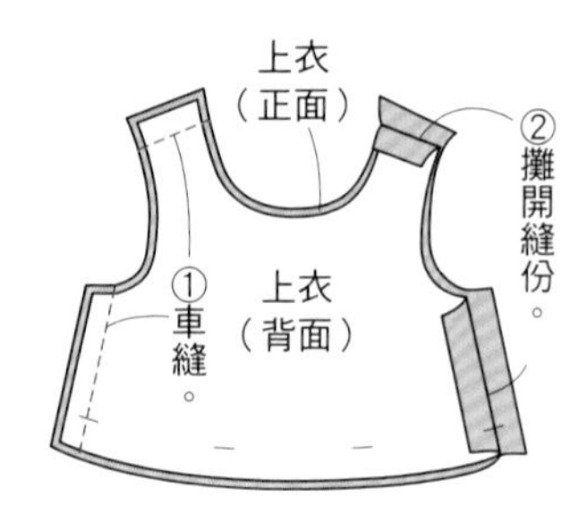

2 處理下擺・領口・袖子接縫處的布邊。

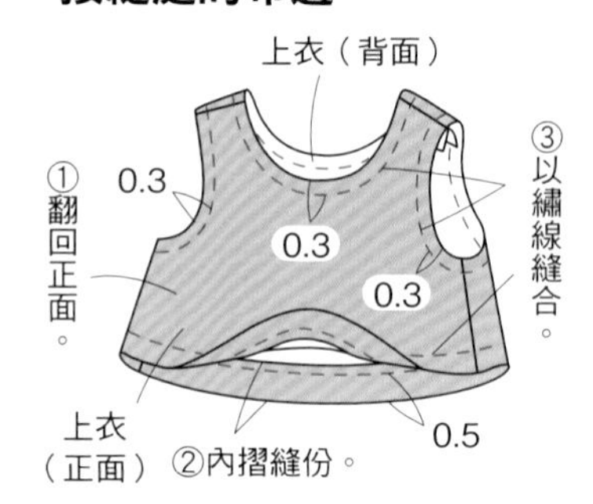

完成

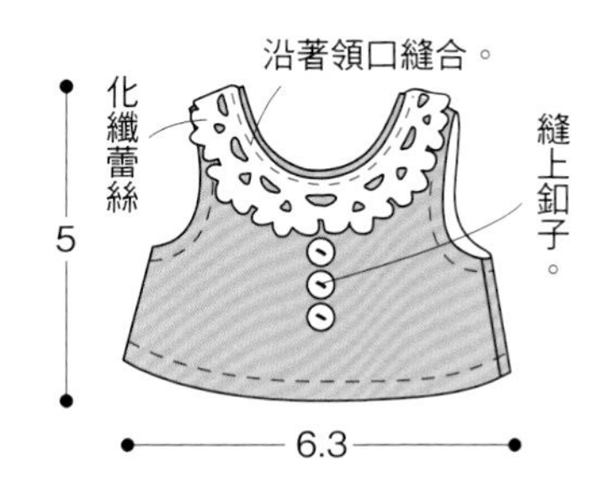

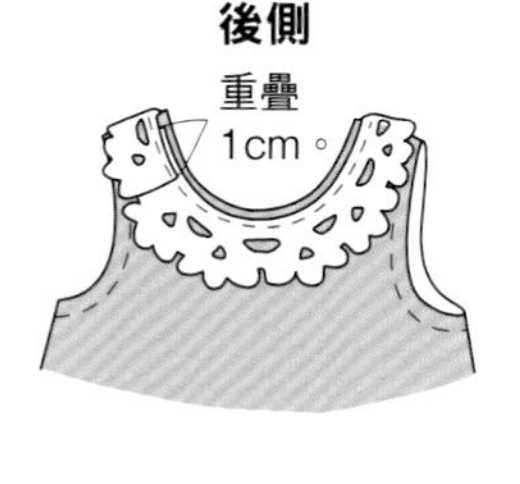

洋裝の作法

1 縫製洋裝。

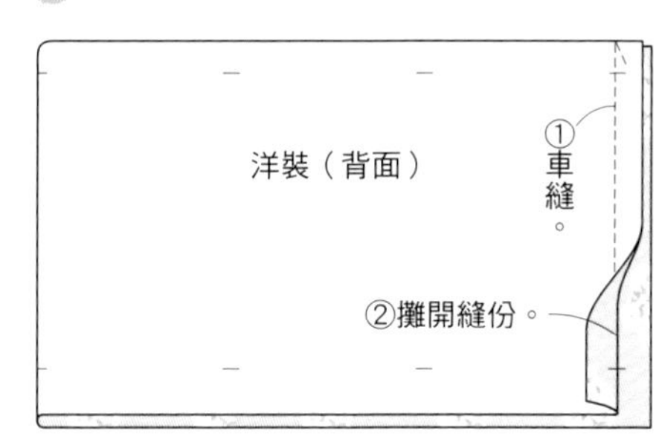

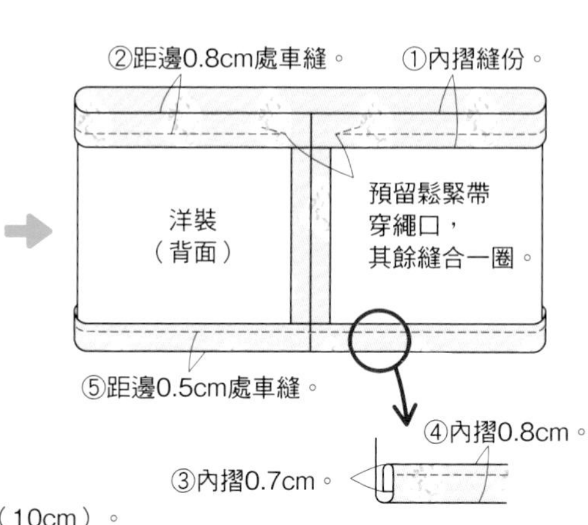

2 穿入鬆緊帶。

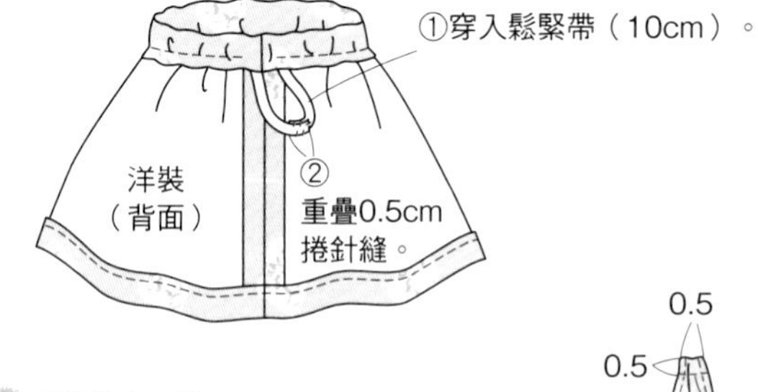

3 製作肩帶。

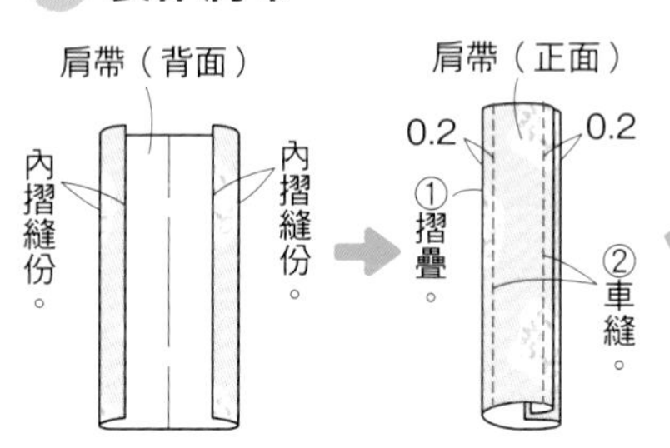

完成

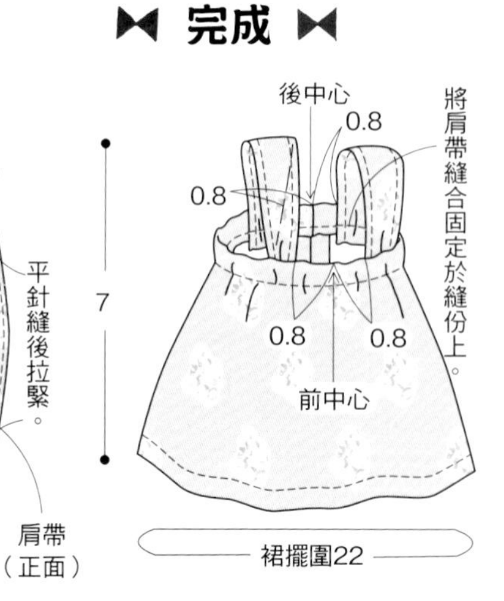

手提包の作法

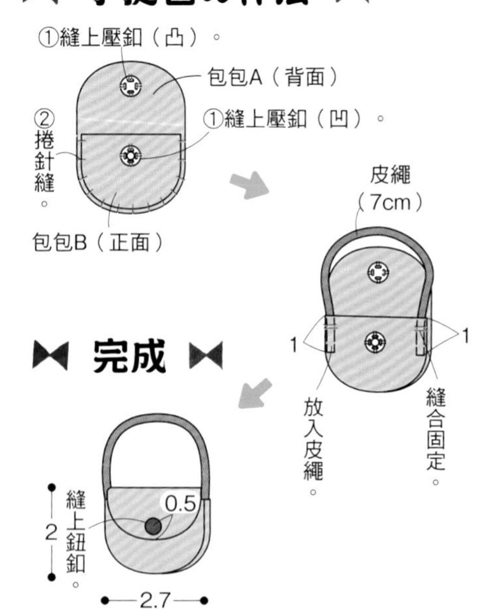

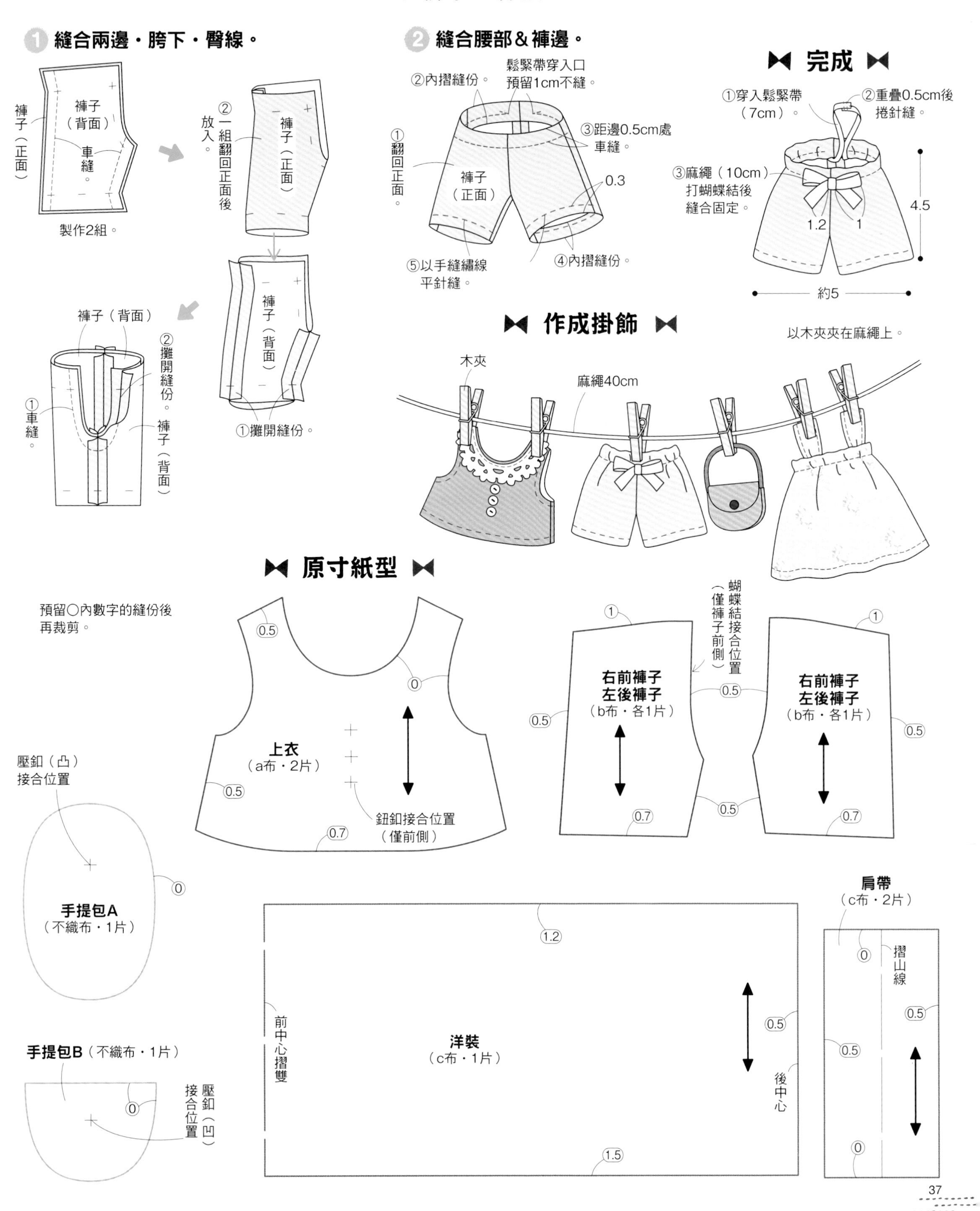
褲子の作法
1 縫合兩邊・胯下・臀線。
褲子（背面）
褲子（正面）
車縫。
製作2組。
②一組翻回正面後放入。
褲子（正面）
褲子（背面）
①攤開縫份。
褲子（背面）
②攤開縫份。
①車縫。
褲子（背面）
2 縫合腰部＆褲邊。
②內摺縫份。
鬆緊帶穿入口預留1cm不縫。
③距邊0.5cm處車縫。
①翻回正面。
褲子（正面）
0.3
⑤以手縫繡線平針縫。
④內摺縫份。
完成
①穿入鬆緊帶（7cm）。
②重疊0.5cm後捲針縫。
③麻繩（10cm）打蝴蝶結後縫合固定。
1.2
1
4.5
約5
作成掛飾
以木夾夾在麻繩上。
木夾
麻繩40cm
原寸紙型
預留○內數字的縫份後再裁剪。
0.5
0
上衣
（a布・2片）
0.5
0.7
鈕釦接合位置（僅前側）
1
蝴蝶結接合位置（僅褲子前側）
右前褲子
左後褲子
（b布・各1片）
0.5
0.5
0.5
0.7
1
右前褲子
左後褲子
（b布・各1片）
0.5
0.5
0.7
壓釦（凸）接合位置
手提包A
（不織布・1片）
0
1.2
前中心摺雙
洋裝
（c布・1片）
0.5
後中心
1.5
肩帶
（c布・2片）
0
摺山線
0.5
0.5
0
手提包B（不織布・1片）
0
壓釦（凹）接合位置

小而巧の好方便設計

立體束口袋

design ✿ 西村明子
size ✿ 高7.5cm×長6cm×側幅3cm
how to make ✿ P.39

充滿女孩兒氣息的格子布＆印花布束口袋。可以束起口袋收納小飾品喔！

迷你束口袋

design ✿ 西村明子
size ✿ 高7.5cm×長6cm
how to make ✿ P.60

扁平束口袋的製作方式簡單，很適合初學者。加上蕾絲或植絨燙布貼作為裝飾吧！

✿73 材料

表布（格子棉布）20cm寬13cm
蠟繩（粗1mm）60cm
木珠（5mm）2個
繡片 1片

✿74 材料

表布（印花棉布）20cm寬13cm
蠟繩（粗1mm）60cm
木珠（5mm）2個

作法

1 縫製脇邊&底部。

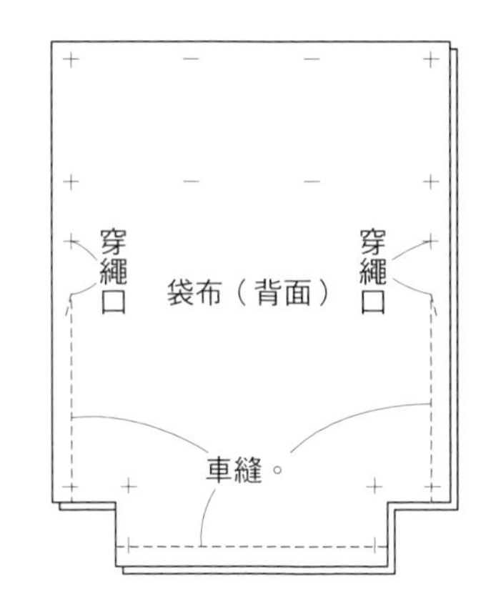

2 縫製側幅。

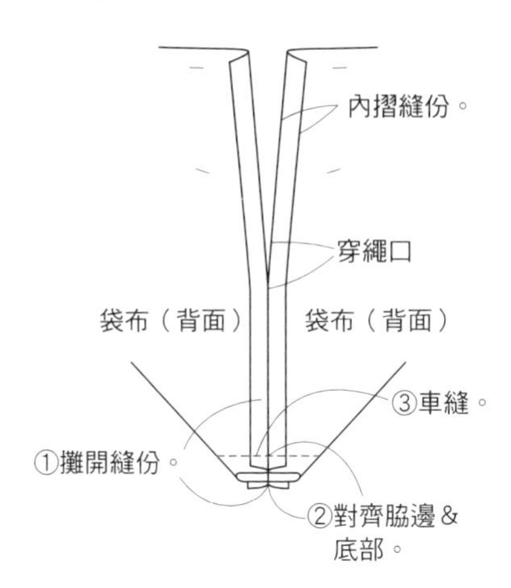

3 縫合袋口。

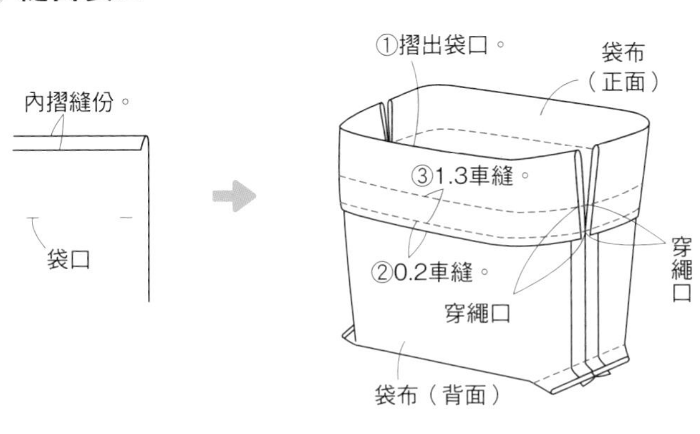

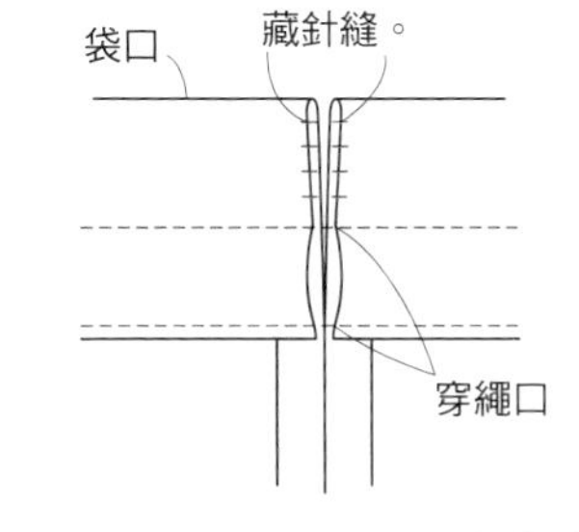

完成

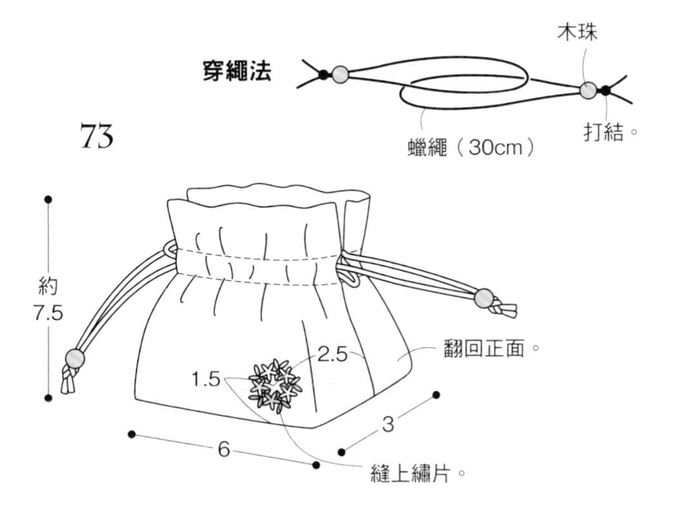

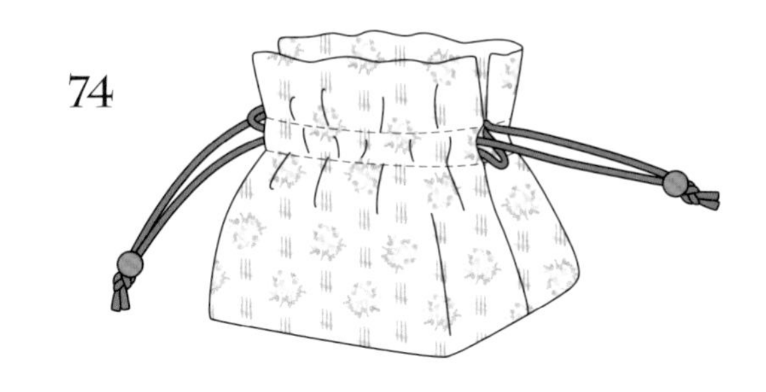

原寸紙型

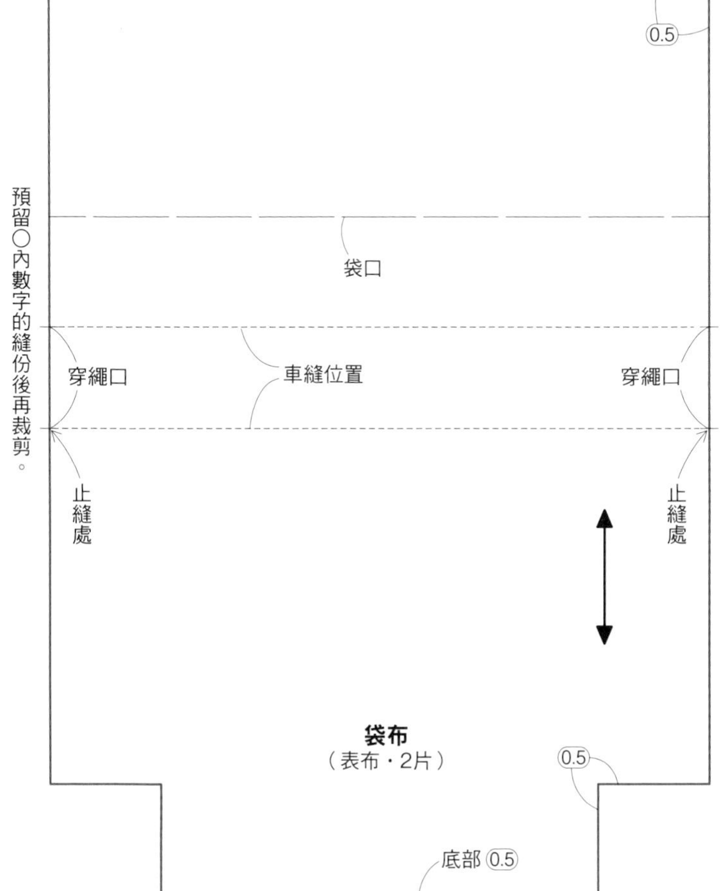

紙袋／JAMCOVER

圓滾滾迷你口金包

design ✿ 西村明子
size ✿ 高4cm×長4cm×側幅1cm
how to make ✿ P.42
口金提供 ✿ INAZUMA（BK-377）

將圓滾滾的可愛口金包穿上珠鍊來使用吧！搭配不同布料裝飾上各種串珠妝點真完美！

小小粽子收納包

design ✿ 金丸かほり

size ✿ 長6cm×寬6cm×高5cm

how to make ✿ P.43

手掌大小的可愛粽子收納包。將拉鍊加上相同布料的球球裝飾，用來收納小飾品或糖果吧！

盤子／JAMCOVER

P.40 78至82

✿ 78至82共同材料（1個）
表布（印花棉布）7cm寬10cm
裡布（印花棉布）7cm寬10cm
棉襯（薄款）7cm寬10cm
手工藝白膠

✿ 78・79材料（1個）
口金（長約4cm高約3.5cm INAZUMA BK-377S）1個

✿ 80 材料
口金（長約4cm高約3.5cm INAZUMA BK-377AG）1個
珠鍊（附開釦 粗2mm）12cm

✿ 81 材料
口金（長約4cm高約3.5cm INAZUMA BK-377AG）1個
花形串珠（5mm）3個
小圓串珠 3個

✿ 82 材料
口金（長約4cm高約3.5cm INAZUMA BK-377S）1個
珠鍊（附開釦 粗2mm）12cm
串珠（橢圓形6mm×4mm）2個

作法

1 縫製脇邊＆側幅。

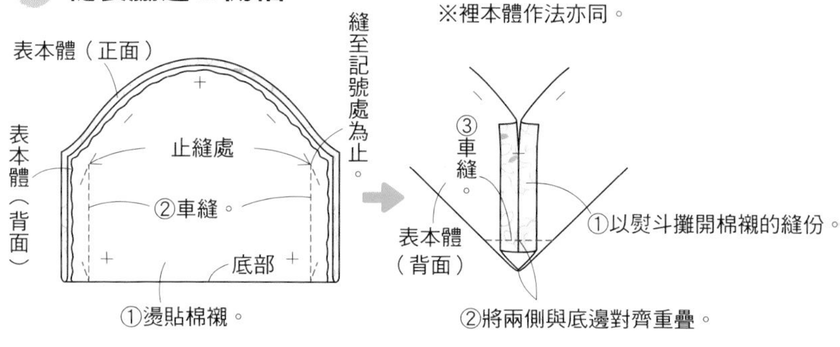

2 縫合袋口。

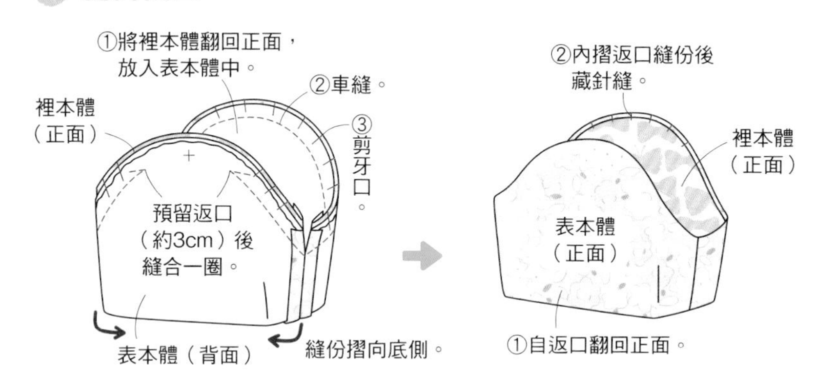

3 裝上口金。

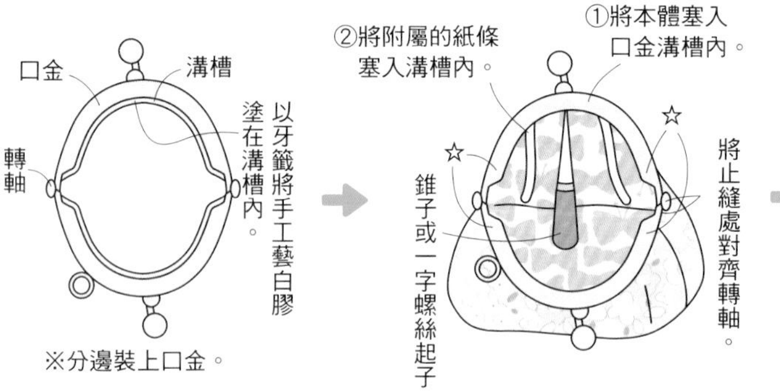

原寸紙型

預留○內數字的縫份後再裁剪。

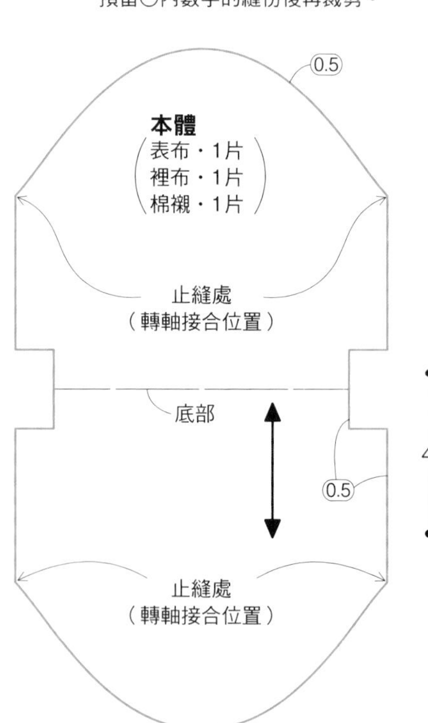

完成

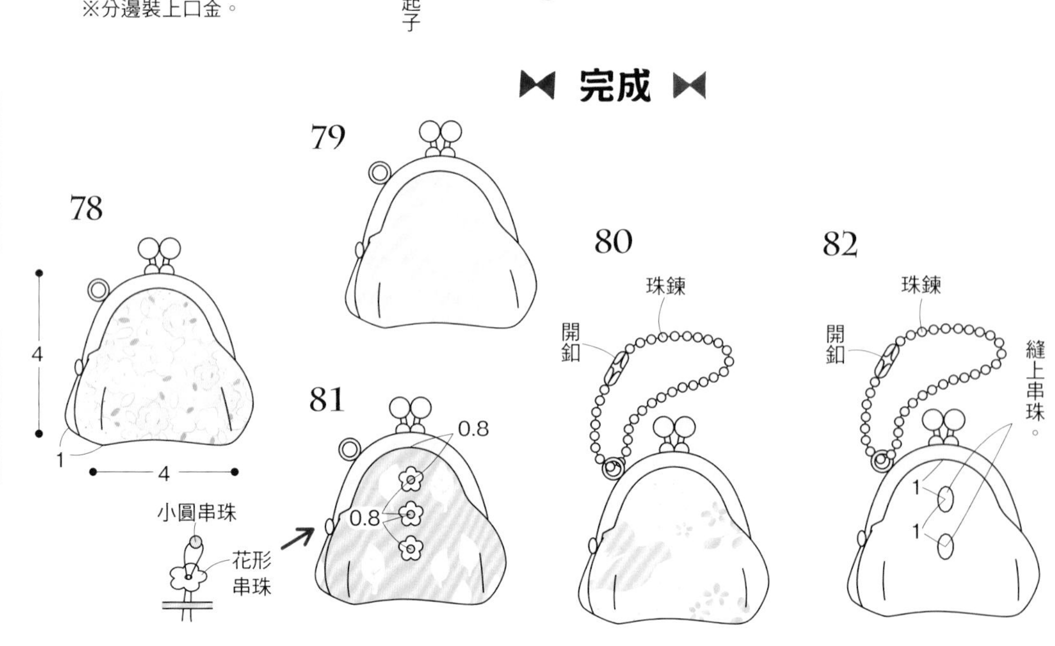

P.41 83至86

✿ 83至86共同材料（1個）
表布（83・85・86印花棉布　84格子棉布）18cm寬8cm
裡布（印花棉布）14cm寬8cm
棉襯（薄款）16cm寬8cm
拉鍊 10cm 1條
斜紋帶（收邊用）1.1cm寬16cm

作法

1 裝上拉鍊。

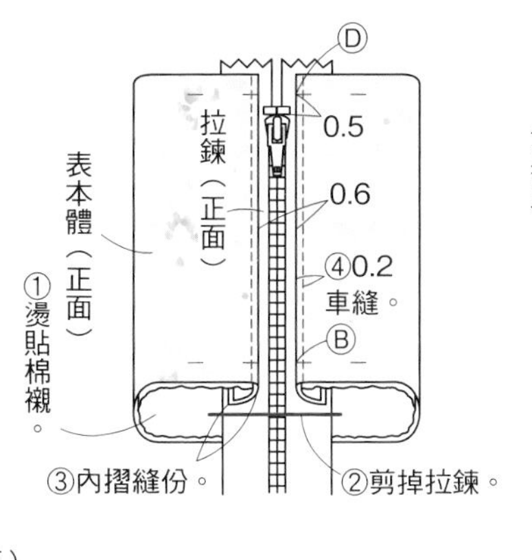

2 接縫裡本體。

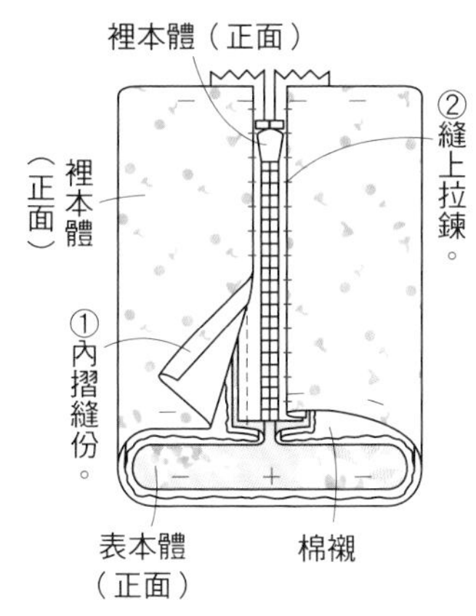

3 縫合下側。

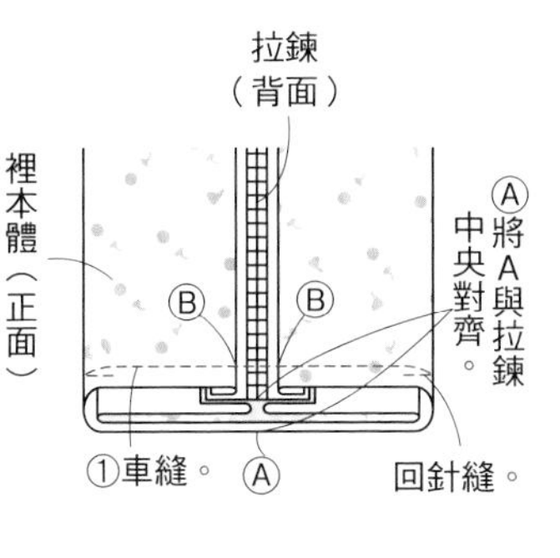

4 縫合上側。

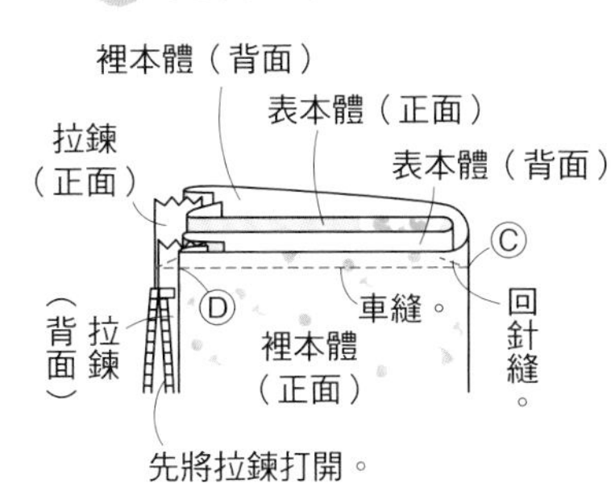

5 縫份以斜紋帶收邊。

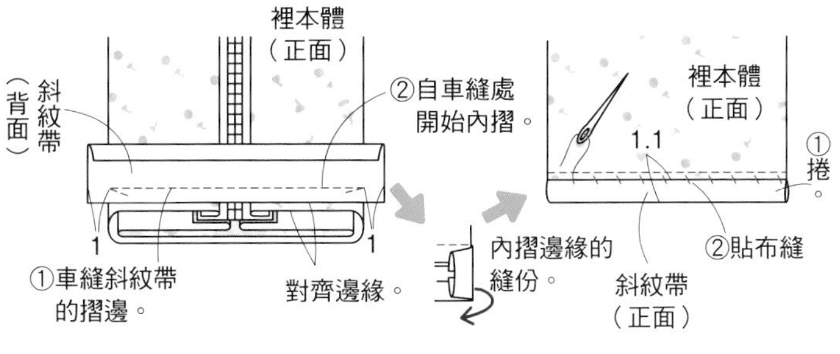

6 製作布耳。

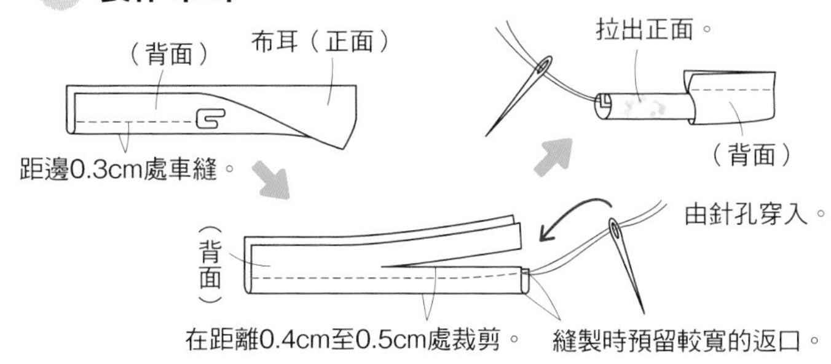

7 製作裝飾小球。

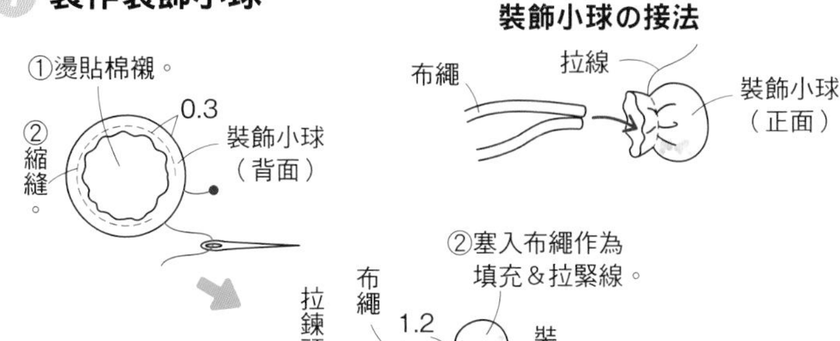

完成

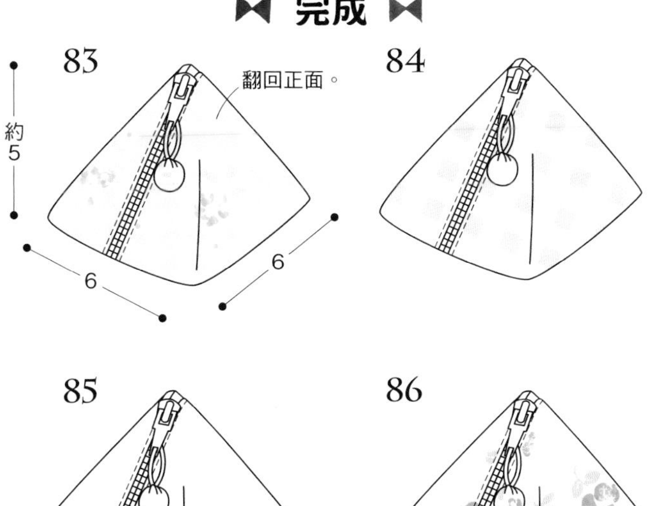

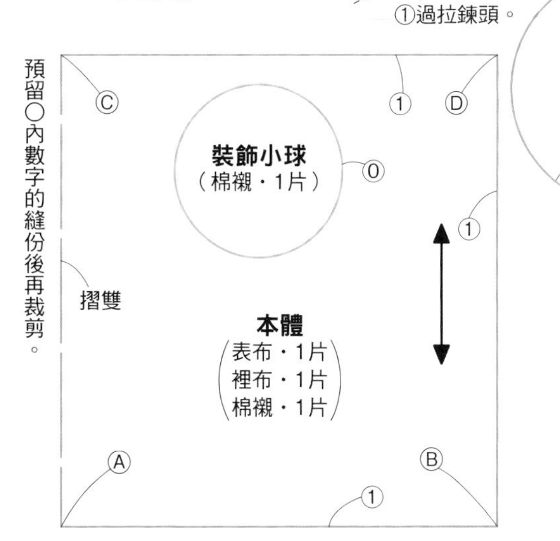

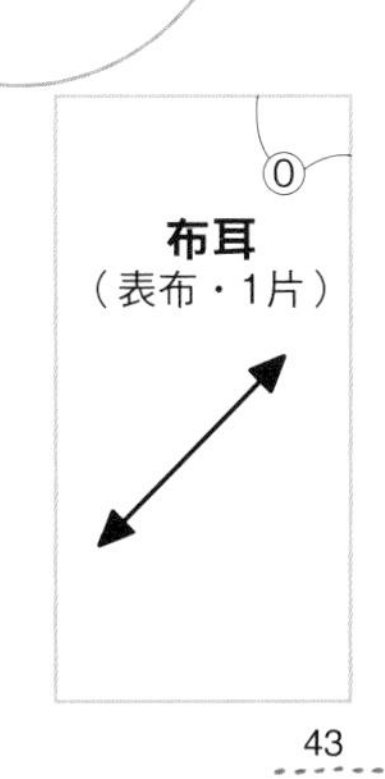

P.2 1至5

✿ 1至5共同材料（1個）
a布（印花棉布）9cm寬9cm
b布（1·4·5 印花棉布　2條紋棉布　3格子棉布）9cm寬8cm
c布（1·2·3印花棉布　4·5條紋棉布）9cm寬14cm

✿ 1材料
羅紋緞帶 1cm寬14cm

✿ 2材料
皮質扁帶 0.6cm寬14cm
平面釦（直徑5mm）4組

✿ 3材料
d布（素色棉布）6cm寬7cm

✿ 4材料
皮質扁帶 0.6cm寬14cm
平面釦（直徑5mm）4組

✿ 5材料
d布（素色棉布）6cm寬7cm

⧓ 作法 ⧓

1 縫合表袋布＆底布。

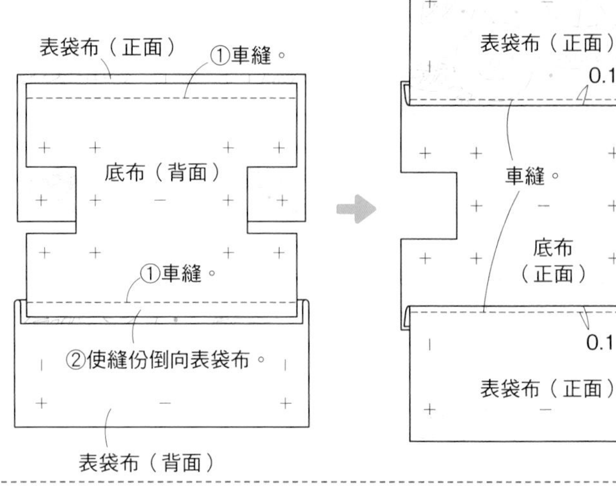

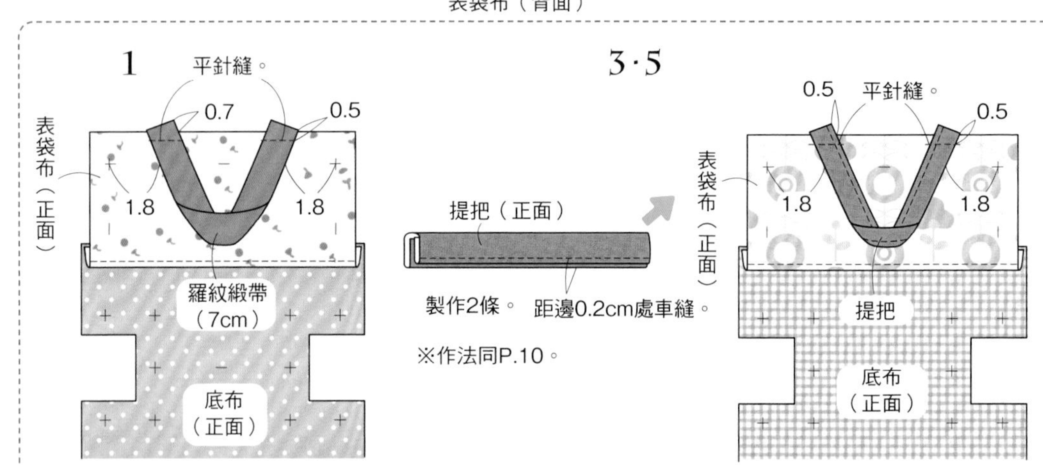

2 縫合袋口。

表袋布（正面）
車縫。
裡袋布（背面）
底布（正面）
底布
表袋布（正面）
車縫。

3 縫製脇邊＆側幅。

4 縫合返口。

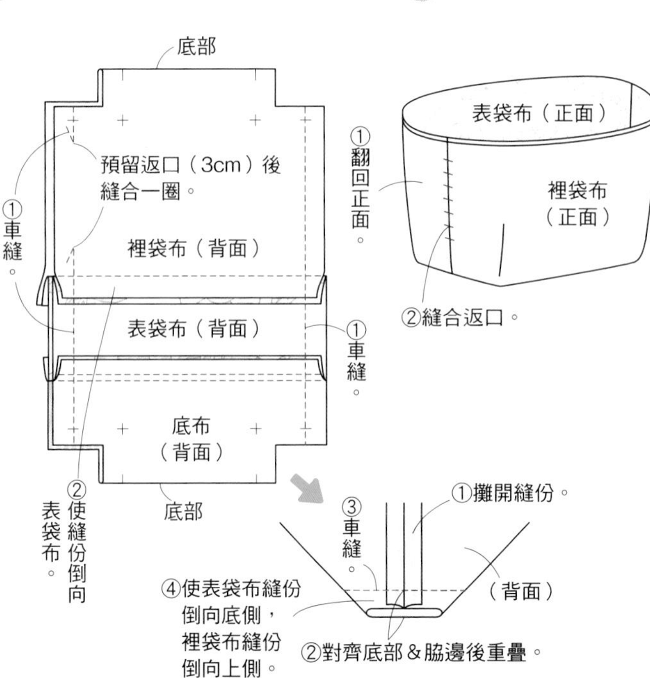

5 釘上皮質扁繩＆平面釦。（僅2·4）

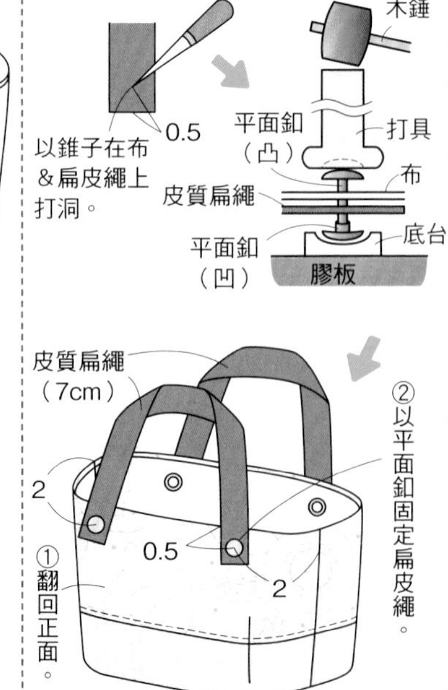

⧓ 完成 ⧓

1

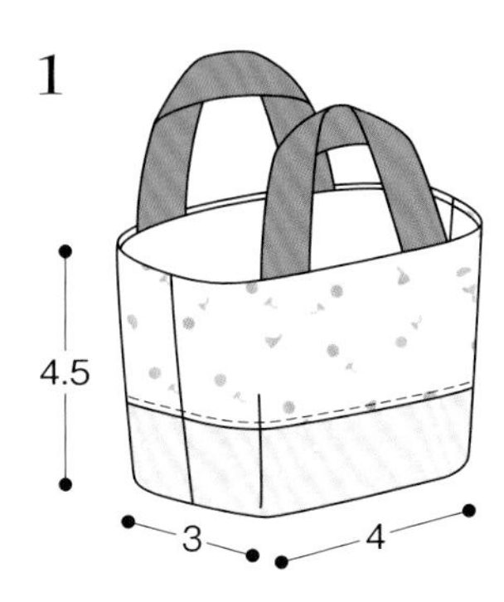

2

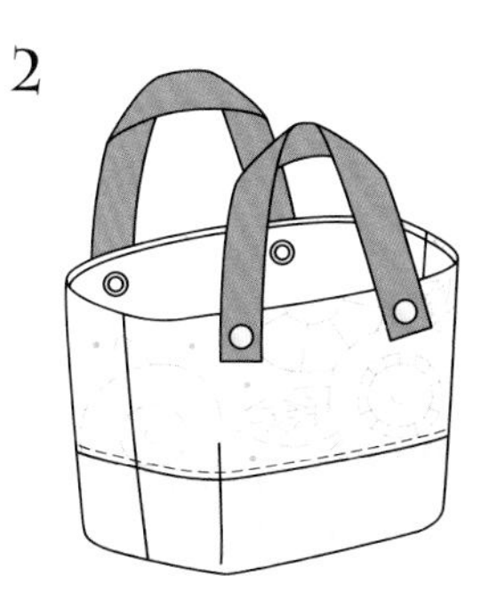

3

4

5

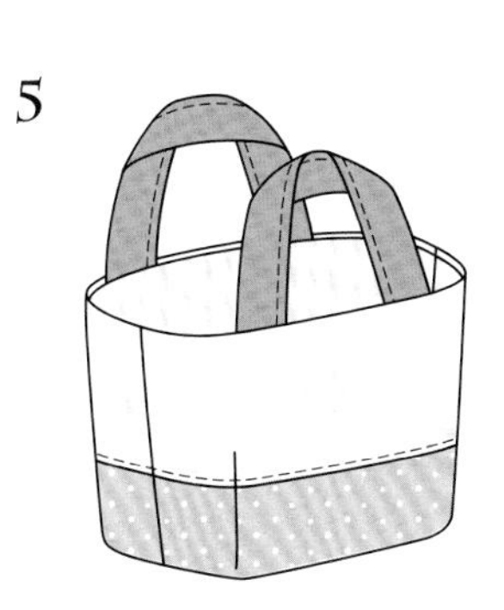

P.3 6・7・8

✿6 材料

a布（印花棉布）9cm寬9cm
b布（橫條紋棉布）9cm寬8cm
c布（素色棉布）9cm寬14cm
圓繩（粗4mm）36cm
緞帶 0.4cm寬8cm
雞眼釦（內徑4mm）4組
C圈（8mm×6mm）1個
手工藝白膠

✿7 材料

a布（條紋棉布）9cm寬9cm
b布（印花棉布）9cm寬8cm
c布（素色棉布）9cm寬14cm
d布（印花棉布）2cm寬2cm
圓繩（粗4mm）30cm
水兵帶 0.2cm寬18cm
雞眼釦（內徑4mm）4組
手工藝白膠

✿8 材料

a布（印花棉布）9cm寬9cm
b布（條紋棉布）9cm寬8cm
c布（素色棉布）9cm寬14cm
圓繩（粗4mm）30cm
水兵帶 0.2cm寬18cm
雞眼釦（內徑4mm）4組
珠鍊（含開釦・粗1.5mm）5cm
吊飾（船錨造型）1個
圓形環（5mm）1個
手工藝白膠

⧓ 作法 ⧓

1 縫合表袋布＆底布。

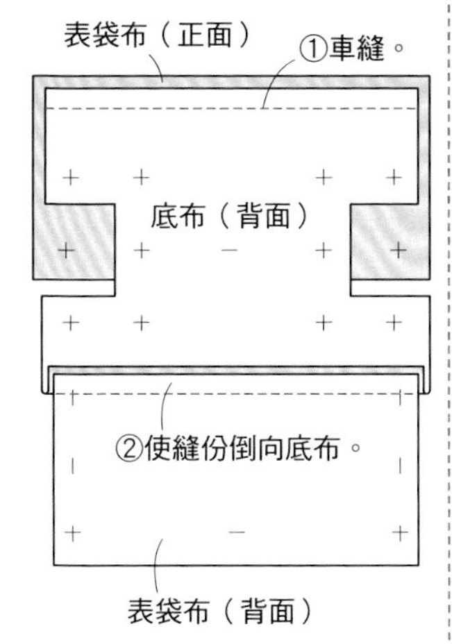

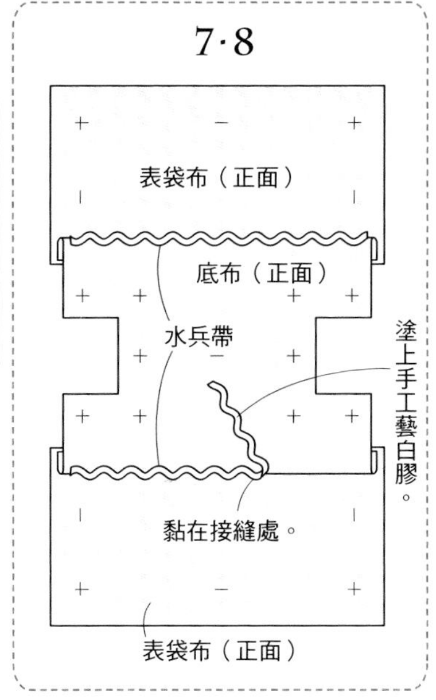

2 至 4 作法與P.44相同。

5 裝上雞眼釦。

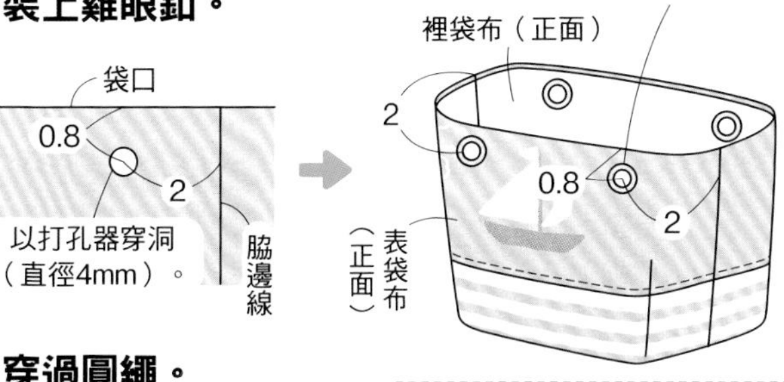

6 穿過圓繩。

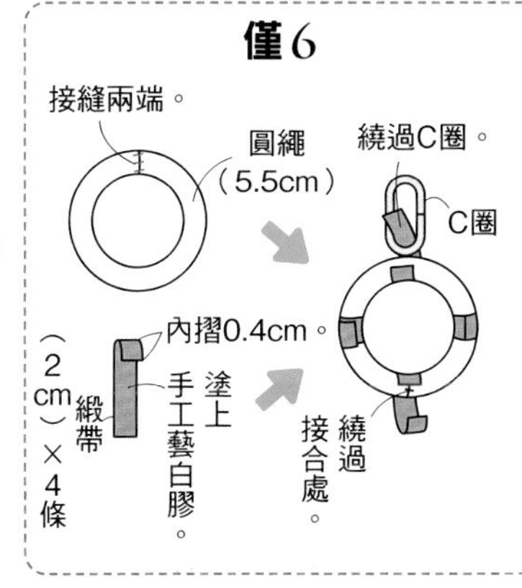

⧓ 完成 ⧓

6

7

8

P.4 9至12

✿9 材料

表布（條紋棉布）17cm寬11cm
裡布（素色棉布）13cm寬11cm
4股麻花辮編織帶 0.6cm寬10cm
圓串珠（8mm）1個
壓釦（8mm）1個

✿10 材料

表布（印花棉布）17cm寬11cm
裡布（素色棉布）13cm寬11cm
金蔥緞帶 0.6cm寬10cm
珍珠串珠（5mm）1個
壓釦（8mm）1個

✿11 材料

表布（素色棉布）13cm寬11cm
配布（印花棉布）5cm寬6cm
裡布（印花棉布）13cm寬11cm
絨面緞帶 1.4cm寬14cm
緞帶 0.4cm寬7cm

✿12 材料

表布（印花棉布）13cm 寬 11cm
配布（條紋棉布）5cm 寬 6cm
裡布（單色麻布）13cm 寬 11cm
絨面緞帶 1.4cm 寬 14cm
緞帶 0.4cm 寬 7cm

9・10 作法

1 接縫側幅。

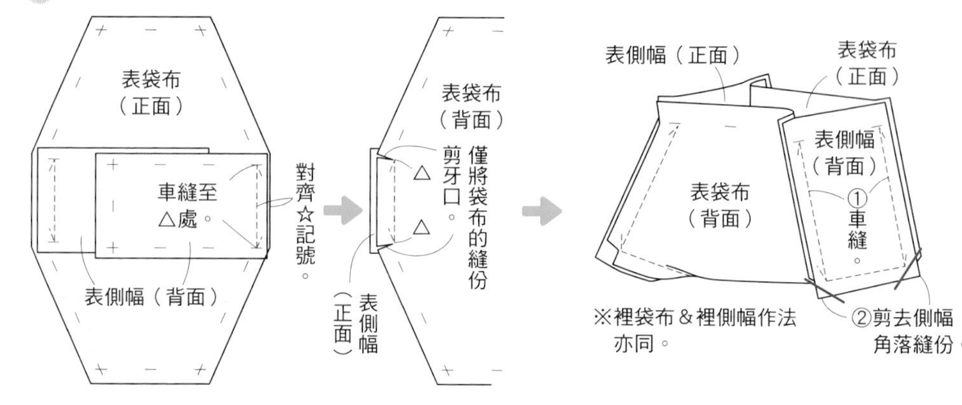

2 製作袋蓋。

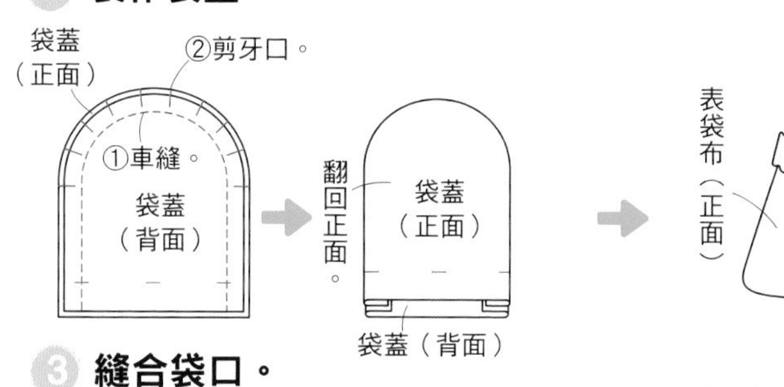

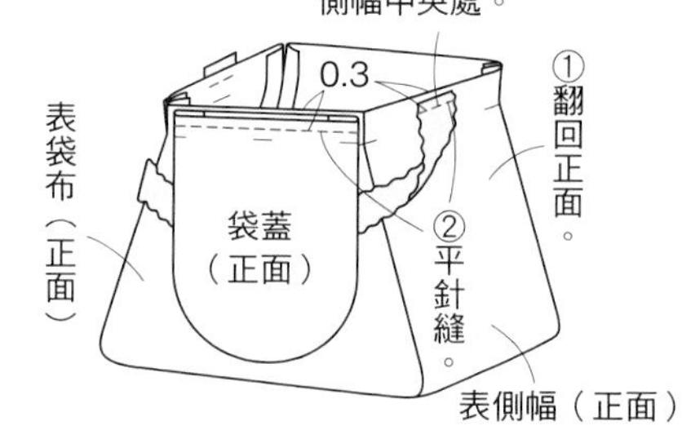

3 縫合袋口。

完成

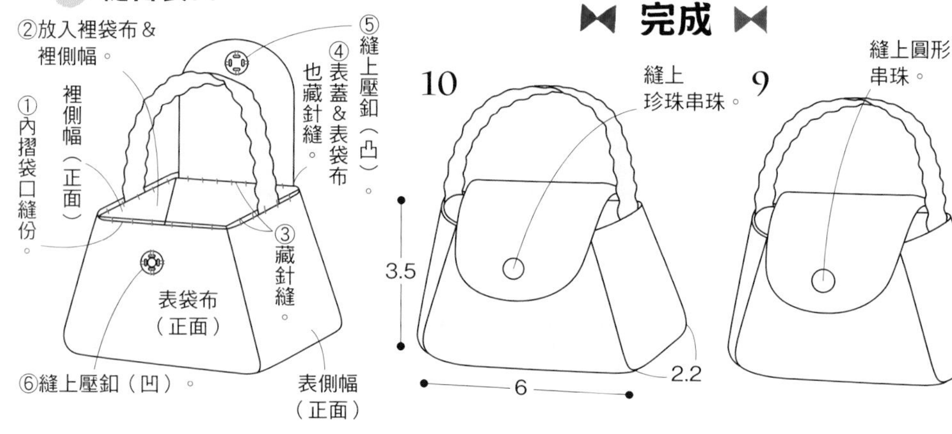

11・12作法

1 縫上口袋。

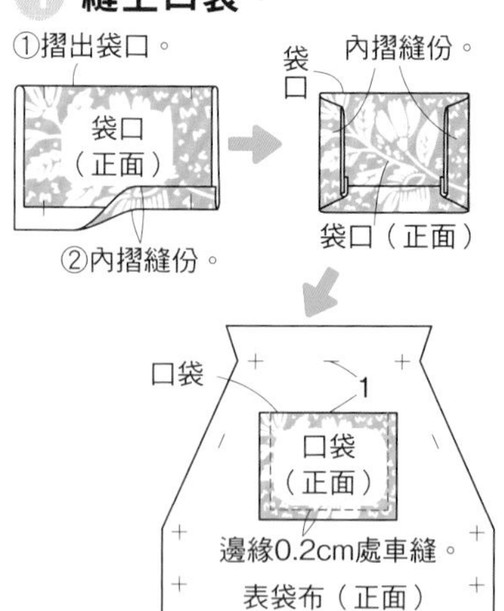

2 製作側幅（作法同9・10）。

3 接縫提把。

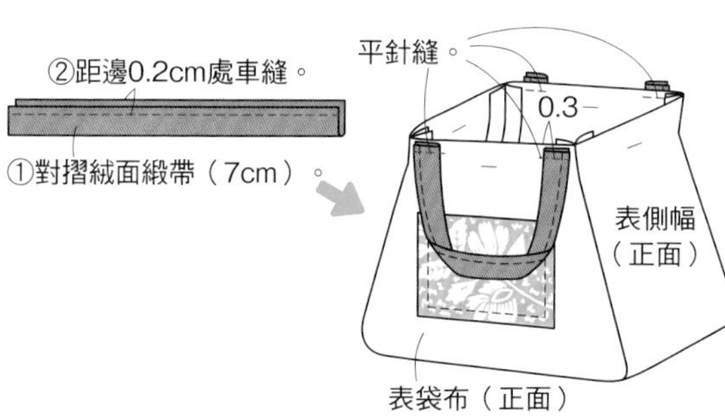

4 縫製袋口（作法同9・10）。

完成

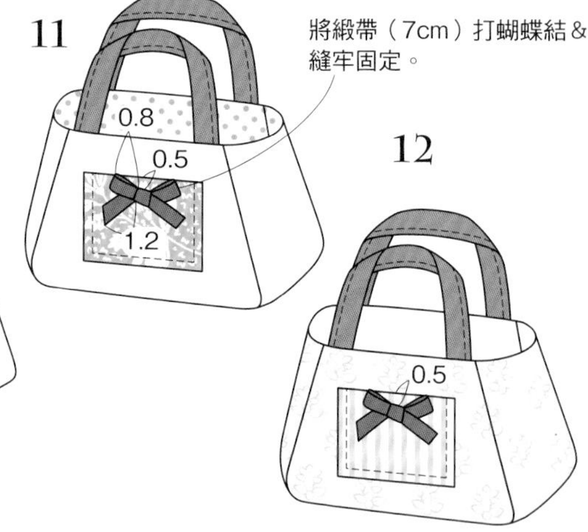

P.5 13至16

✿13 材料

表布（印花棉布）10cm寬11cm
配布（印花棉布）7cm寬5cm
裡布（素色棉布）8cm寬11cm
斜紋織帶 1.1cm寬14cm

✿14 材料

表布（印花棉布）10cm寬11cm
配布（條紋棉布）7cm寬5cm
裡布（素色棉布）8cm寬11cm
羅紋緞帶 1cm寬16cm

✿15 材料

表布（素色棉布）10cm寬11cm
配布（印花棉布）7cm寬5cm
裡布（條紋棉布）8cm寬11cm
絨面緞帶 1.4cm寬14cm
化纖蕾絲 1.9cm寬5cm

✿16 材料

表布（印花棉布）7cm寬11cm
配布A（印花棉布）7cm寬5cm
配布B（素色棉布）7cm寬5cm
裡布（素色棉布）8cm寬11cm
皮質扁帶 0.7cm寬14cm
平面釦（直徑4mm）4組

作法

1 縫合口袋＆側幅。

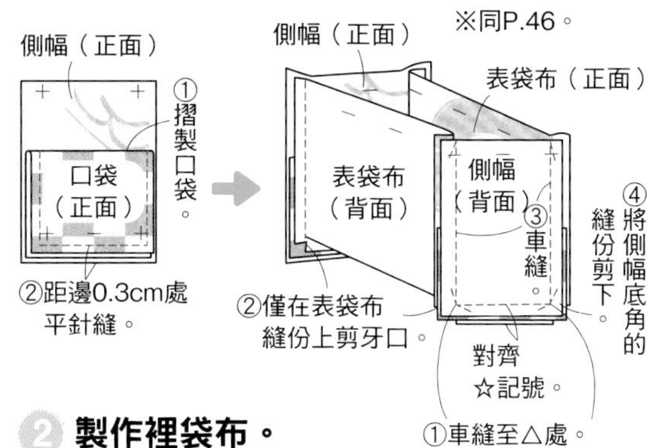

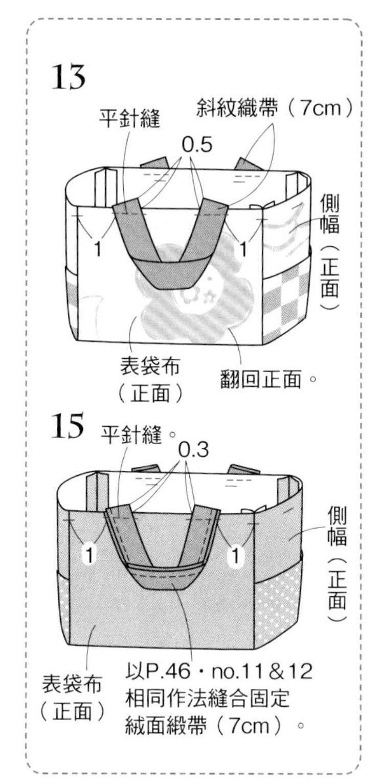

2 製作裡袋布。

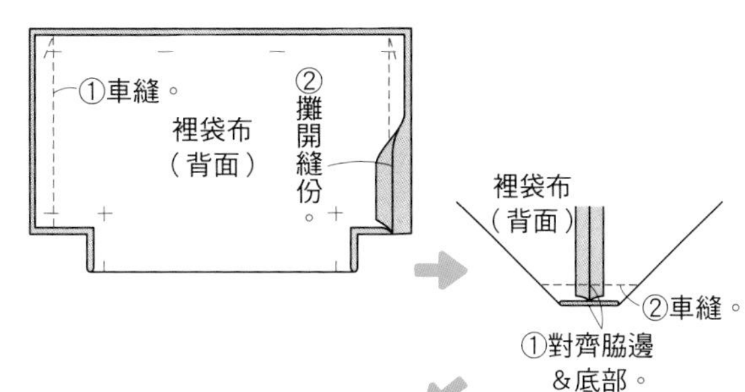

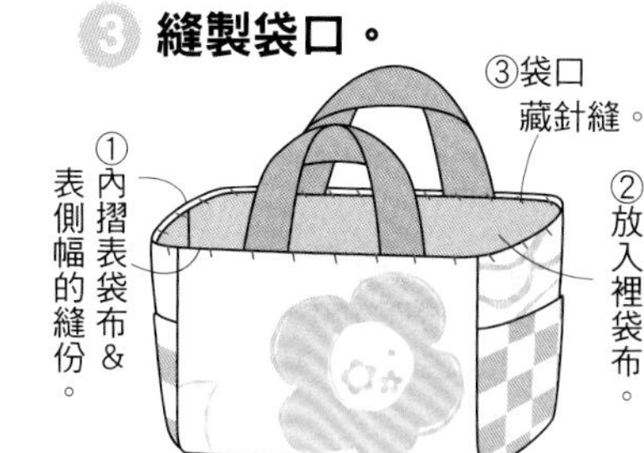

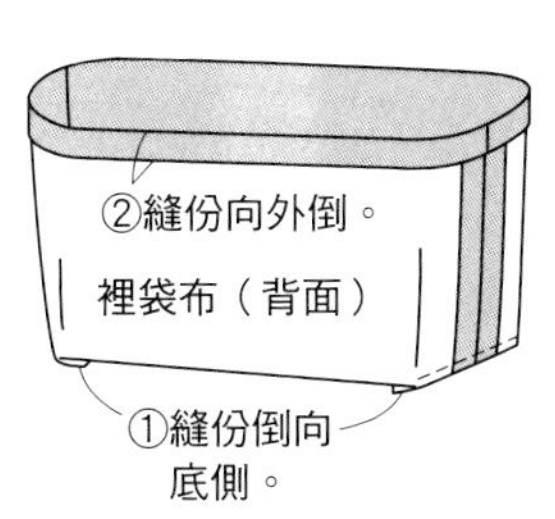

3 縫製袋口。

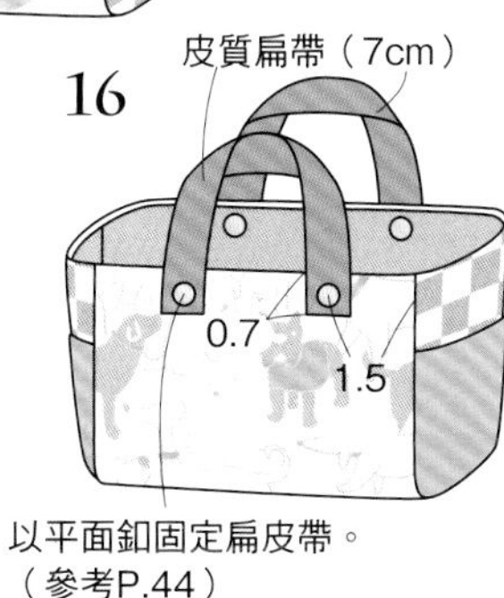

完成

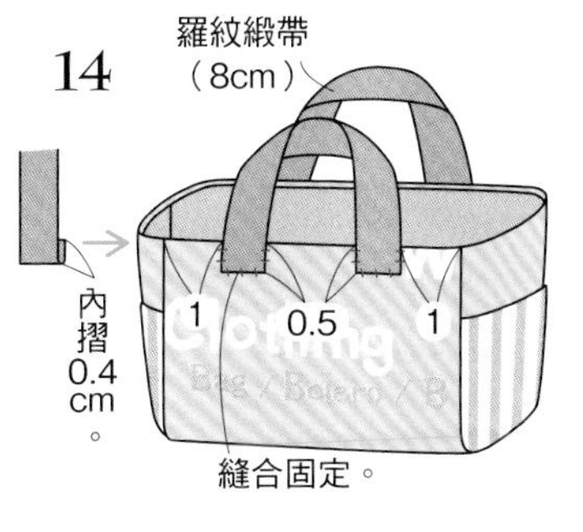

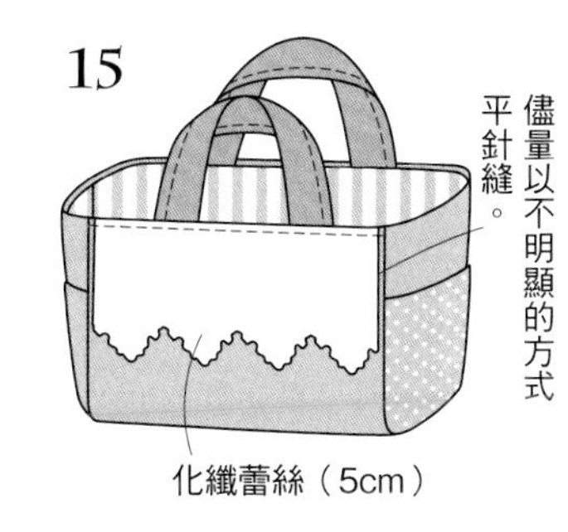

原寸紙型

預留○內數字的縫份後再裁剪。

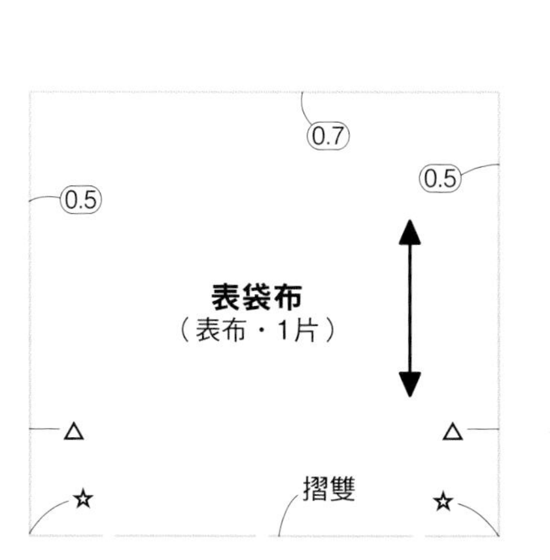

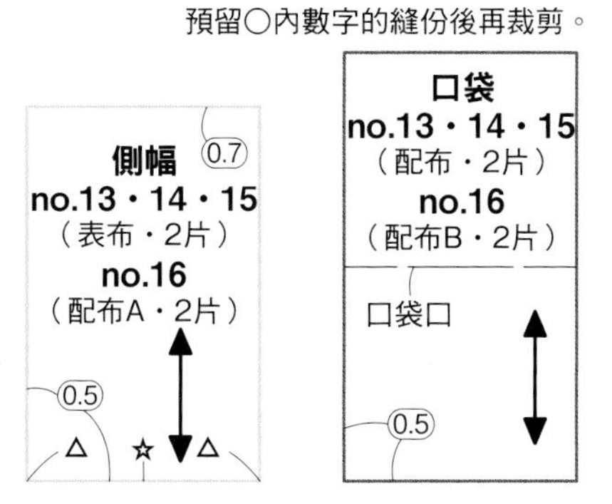

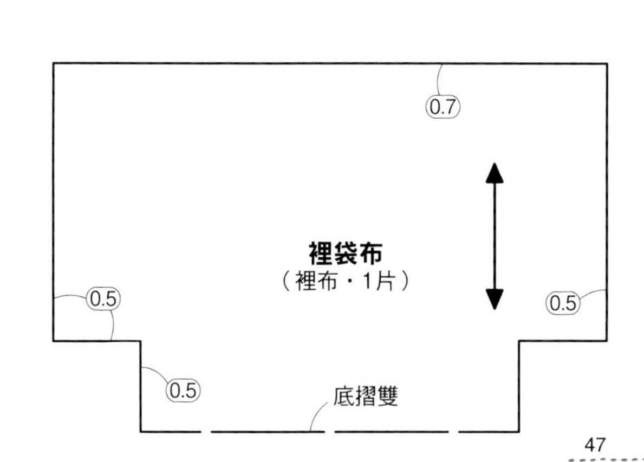

P.14 29·30·31

✿29・30・31 共同材料（1個）
金屬凸釦（頭部4mm）1組
蠟繩
橡膠黏合劑

✿29 材料
表布（印花棉布）9cm寬13cm
裡布（印花棉布）9cm寬13cm
皮革 16cm×9cm
包包吊飾金屬鍊 長12cm×1條

✿30 材料
表布（斯拉夫條紋棉麻布）9cm寬13cm
裡布（印花棉布）9cm寬13cm
皮革 8cm×8cm
迷你帶釦（四角形・內徑5mm）2個
皮繩 0.2cm寬1m
吊飾（橢圓形）1個
圓形環（6mm）1個

✿31 材料
表布（印花棉布）9cm寬13cm
裡布（印花棉布）9cm寬13cm
皮革A 16cm×8cm
皮革B 1.8cm×0.9cm
迷你帶釦（四角形・內徑5mm）2個
珠鍊（含開釦・粗1.5mm）6cm
吊飾（燕子造型）1個
圓形環（7mm）1個

作法

1 製作袋布。
（作法同P.44）

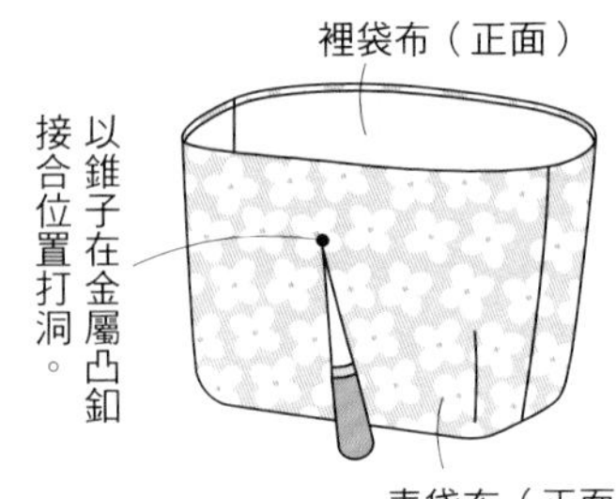

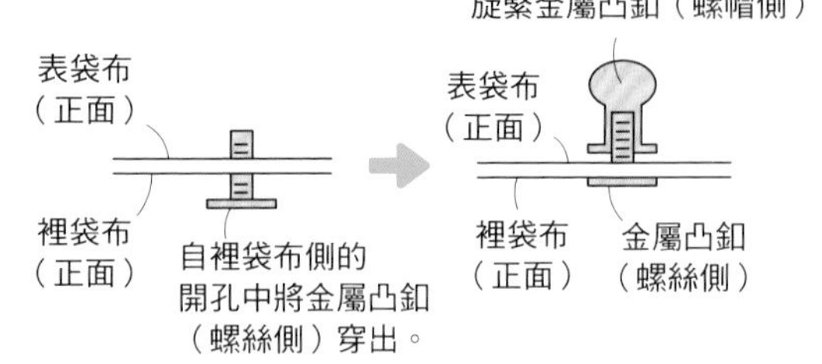

2 裝接袋蓋。

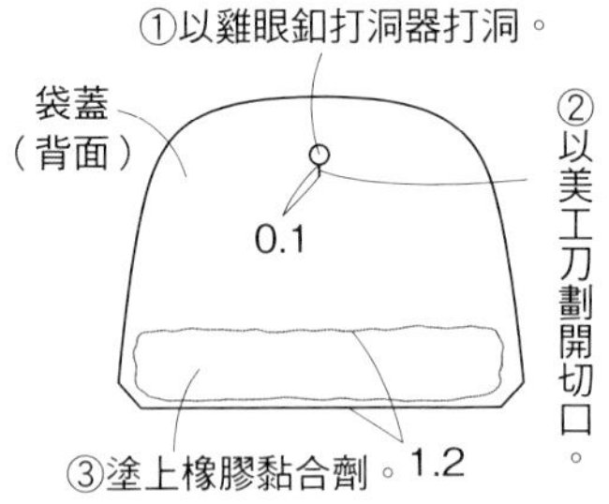

※將橡膠黏合劑塗薄薄一層在要黏貼的兩面，稍乾之後再貼合。

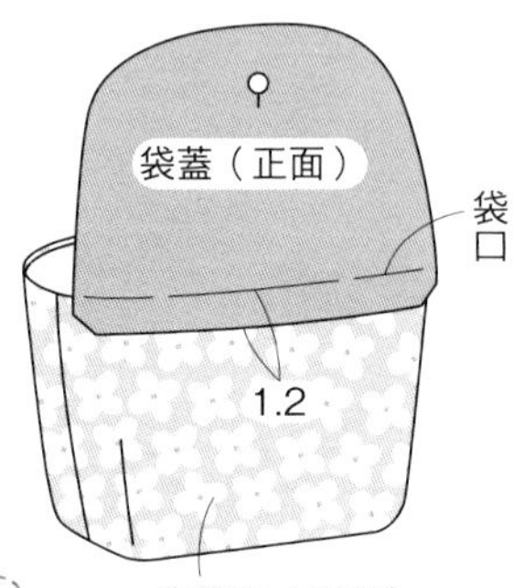

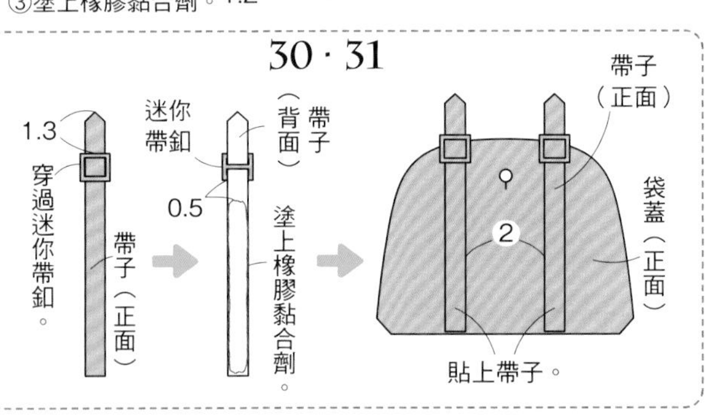

3 製作&裝上提把（僅29・31）

塗上橡膠黏合劑，稍乾之後再貼合（2片）。
提把（背面）
提把（正面）
②以錐子打洞。
①將兩片提把背面相對黏貼。

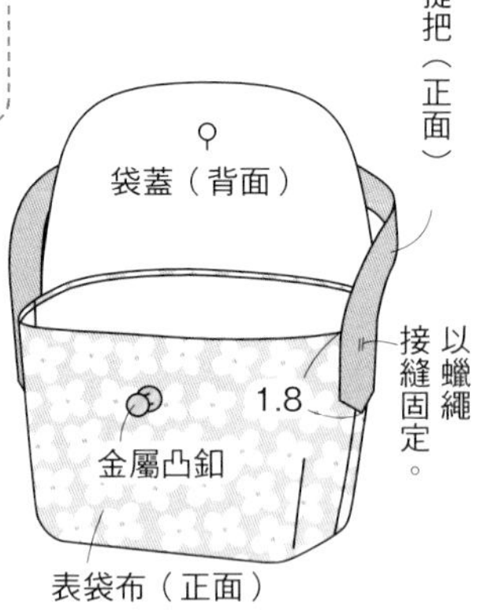

原寸紙型

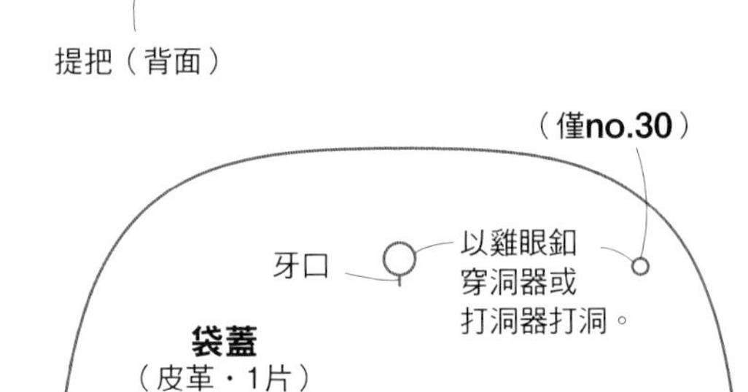

※全部直接裁剪。

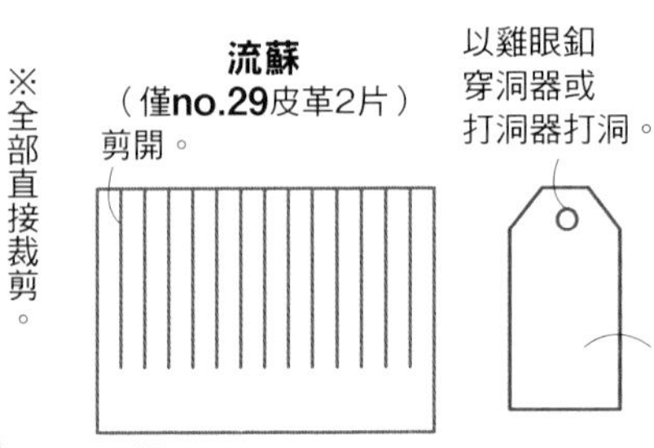

袋布原寸紙型參見P.63

帶子（no.30皮革・2片 no.31皮革A・2片）

繩子（no.29皮革・1片）

以錐子打洞。
提把（no.29・31皮革・2片）

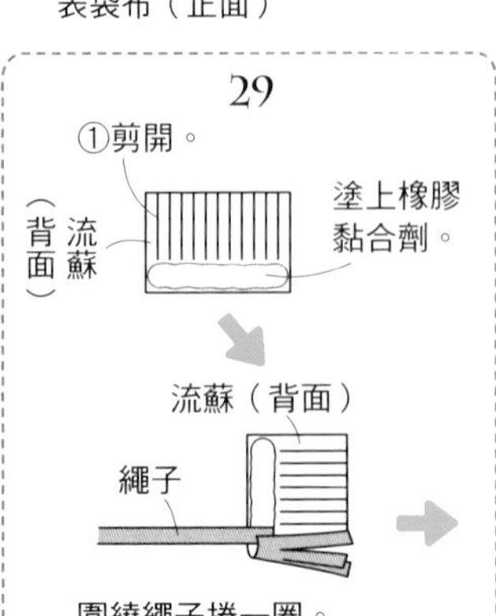

P.16 36·37·38

36 材料
a布（印花螺縈布）15cm寬14cm
b布（印花麻布）7cm寬6cm
塑膠環形配件
（橢圓形 31mm×21mm奶油色）2個

37 材料
a布（印花棉布）15cm寬14cm
b布（素色麻布）7cm寬6cm
塑膠環形配件
（橢圓形 31mm×21mm松綠色）2個

38 材料
a布（印花聚酯纖維布）15cm寬14cm
b布（印花棉布）7cm寬6cm
塑膠環形配件
（橢圓形 31mm×21mm黑色）2個

作法

1 縫合表袋布＆底布。

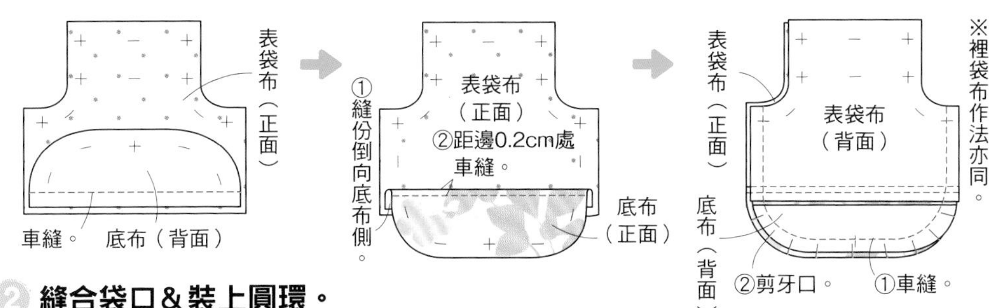

2 縫合袋口＆裝上圓環。

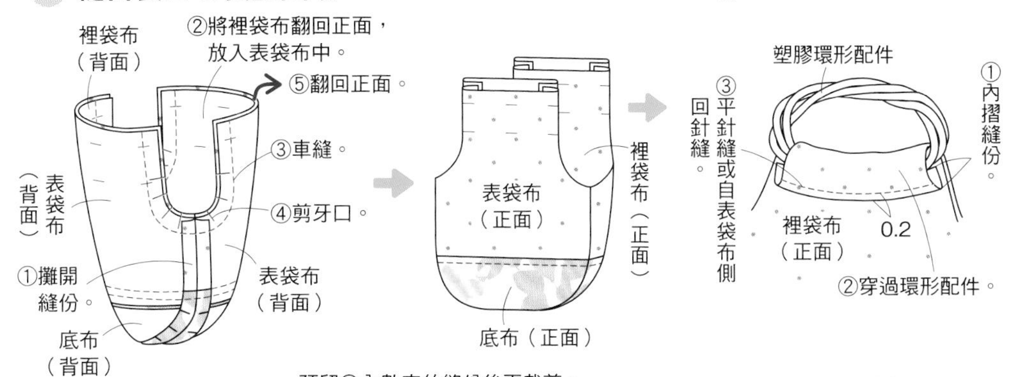

完成

原寸紙型

預留○內數字的縫份後再裁剪。

29・30・31 完成

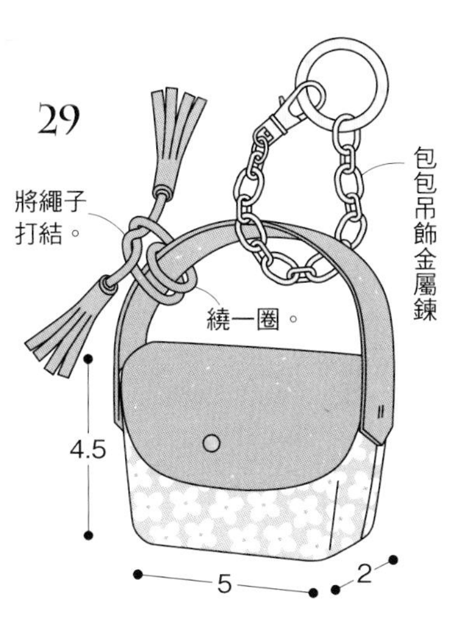

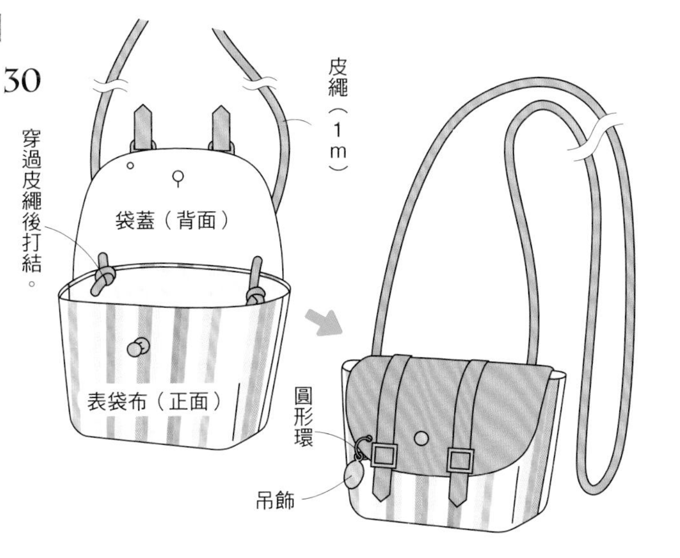

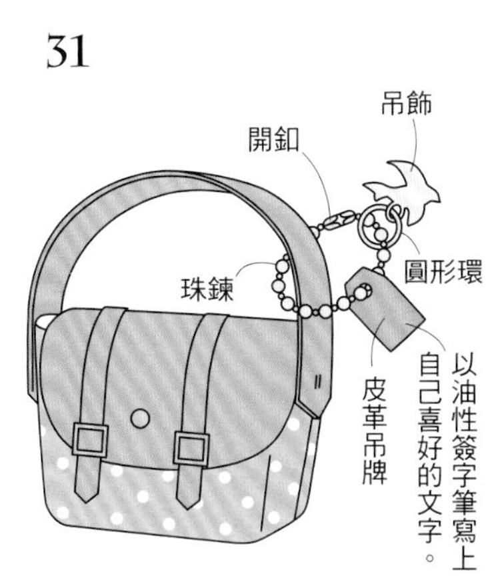

P.24 51·52·53

✿ 51·52·53 **共同材料（1個）**
厚紙 16cm×10cm
扁皮帶 0.5cm寬5cm
透明膠帶
手工藝白膠

✿ 51 **材料**
a布（印花棉布）19cm寬5cm
b布（印花棉布）19cm寬10cm
c布（印花棉布）16cm寬4cm
吊飾（音符造形）1個
圓形環（8mm）1個
圓形環（4mm）1個
水鑽（圓形・美甲用）2個

✿ 52 **材料**
a布（印花棉布）19cm寬5cm
b布（印花棉布）19cm寬10cm
c布（條紋棉布）16cm寬4cm
吊飾（燕子造形）1個
圓形環（8mm）1個
圓形環（4mm）1個
水鑽（圓形・美甲用）2個

✿ 53 **材料**
a布（印花棉布）19cm寬5cm
b布（印花棉布）19cm寬10cm
c布（條紋棉布）16cm寬4cm
吊飾（骨頭造形）1個
C圈（8mm×6mm）1個
C圈（4mm×4mm）1個
鉚釘（星形・美甲用）2個

Point
建議將白膠塗在厚紙上後再黏貼布，成品會比較漂亮。

⧓ 作法 ⧓

1 以厚紙製作基座。

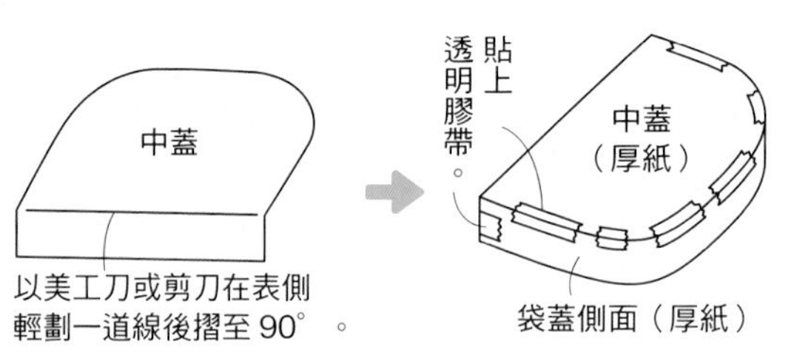

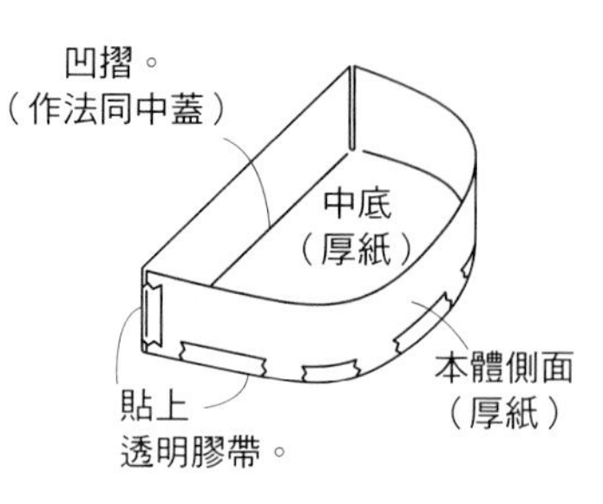

2 將袋蓋側面＆本體側面貼上布。

3 接合袋蓋＆底部。

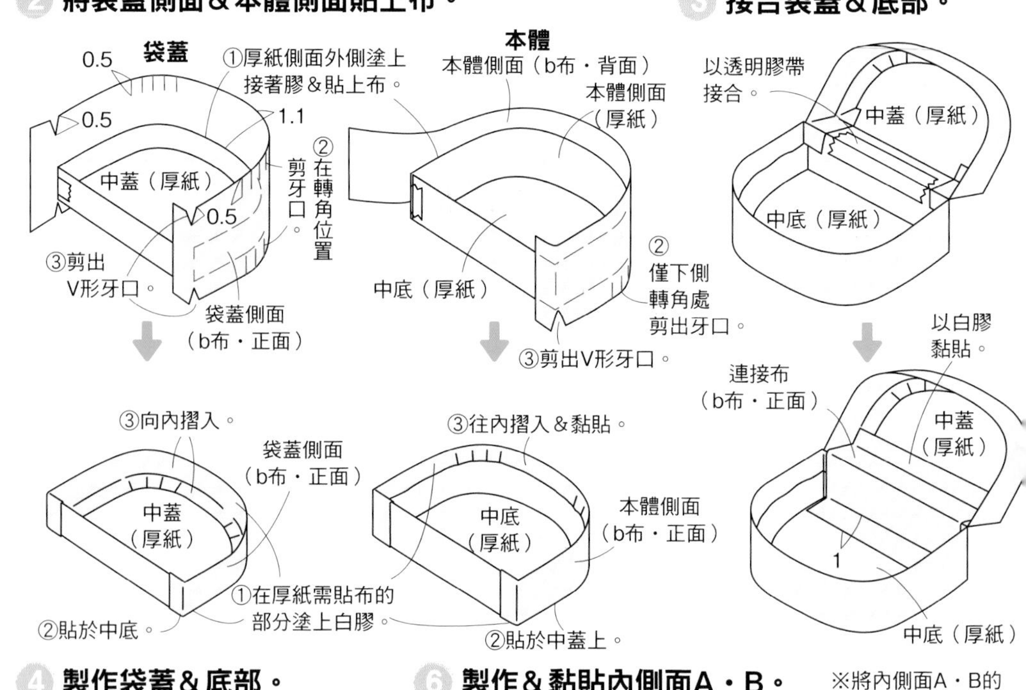

4 製作袋蓋＆底部。

※外底・內蓋・內底作法亦同。

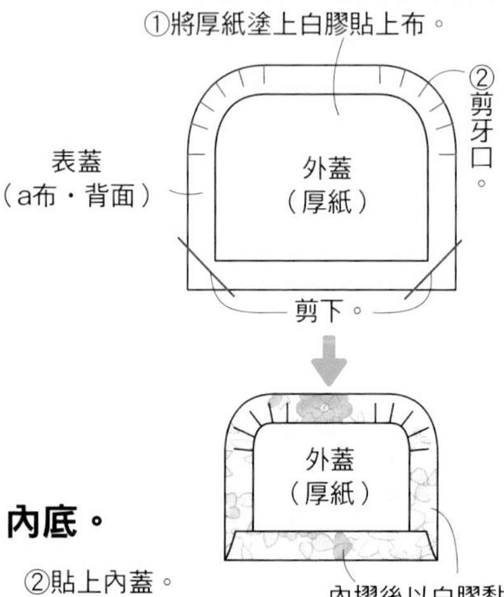

5 貼上內蓋＆內底。

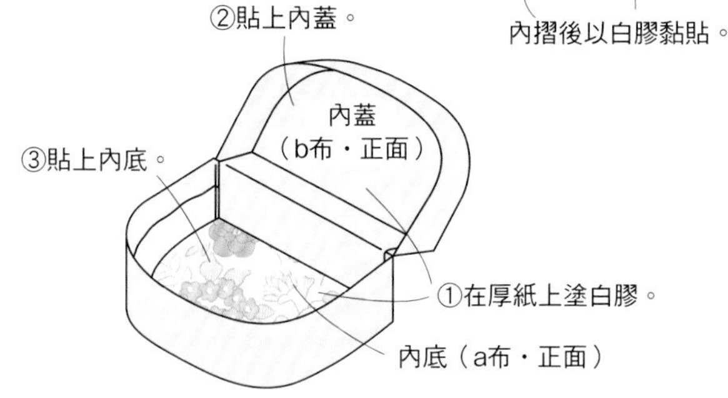

6 製作＆黏貼內側面A・B。

※將內側面A・B的厚紙預先放入，調整長寬大小，再貼上布。

①將厚紙塗上白膠後，再貼上布。
②內摺。
內側面A（c布・背面）
內側面A（厚紙）
③以白膠黏貼。
②內摺。
※內側面B作法亦同。

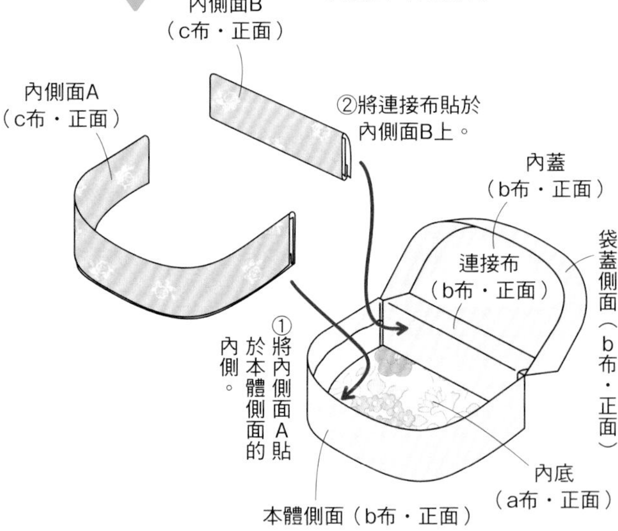

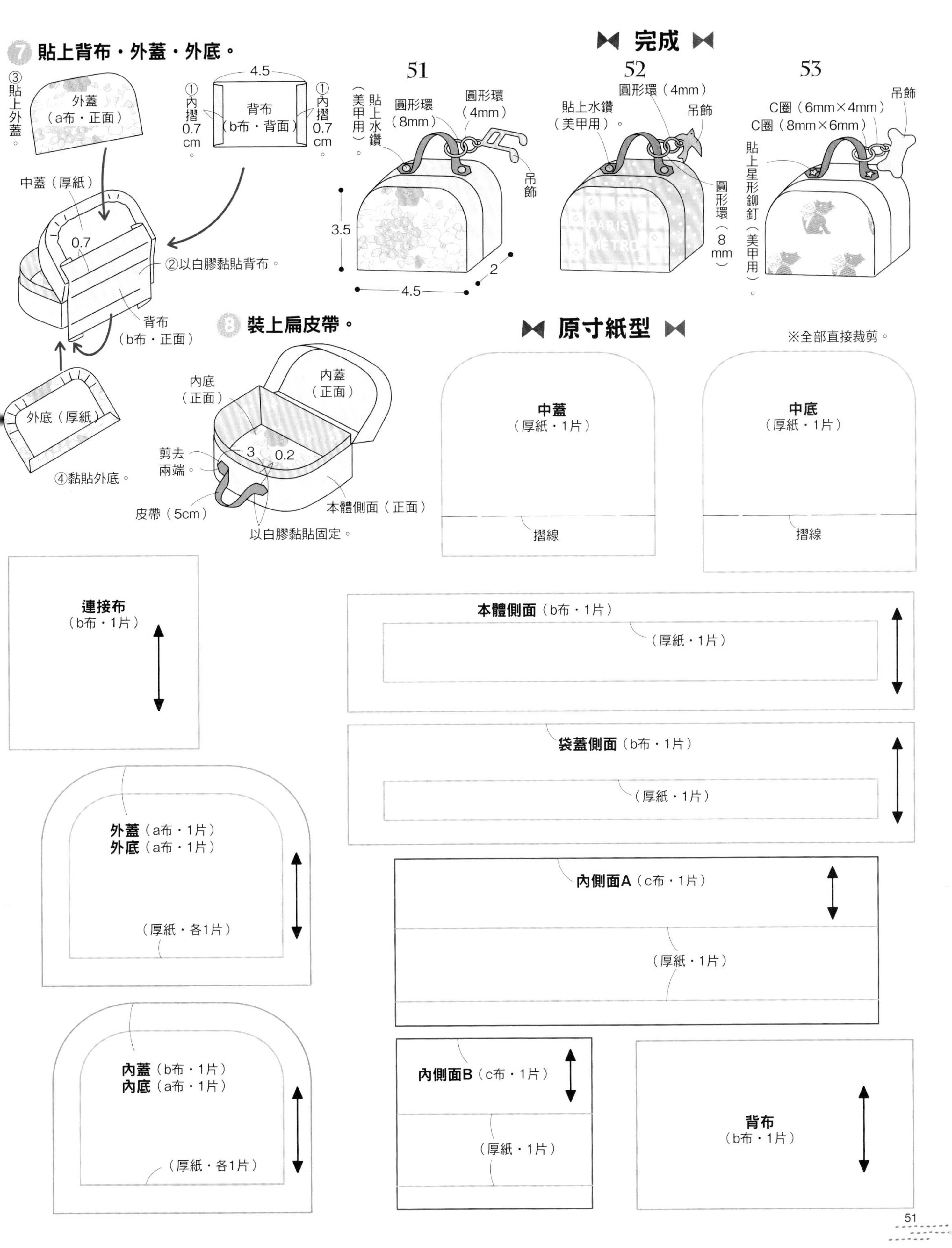

7 貼上背布・外蓋・外底。
③貼上外蓋。
外蓋（a布・正面）
4.5
①內摺0.7cm。
背布（b布・背面）
①內摺0.7cm。
中蓋（厚紙）
0.7
②以白膠黏貼背布。
背布（b布・正面）
外底（厚紙）
④黏貼外底。
8 裝上扁皮帶。
內底（正面）
內蓋（正面）
剪去兩端。
3
0.2
皮帶（5cm）
本體側面（正面）
以白膠黏貼固定。
完成
51
貼上水鑽（美甲用）。
圓形環（8mm）
圓形環（4mm）
吊飾
3.5
4.5
2
52
圓形環（4mm）
貼上水鑽（美甲用）。
吊飾
圓形環（8mm）
53
C圈（6mm×4mm）
C圈（8mm×6mm）
吊飾
貼上星形鉚釘（美甲用）。
原寸紙型
※全部直接裁剪。
中蓋（厚紙・1片）
摺線
中底（厚紙・1片）
摺線
連接布（b布・1片）
本體側面（b布・1片）
（厚紙・1片）
袋蓋側面（b布・1片）
（厚紙・1片）
外蓋（a布・1片）
外底（a布・1片）
（厚紙・各1片）
內側面A（c布・1片）
（厚紙・1片）
內蓋（b布・1片）
內底（a布・1片）
（厚紙・各1片）
內側面B（c布・1片）
（厚紙・1片）
背布（b布・1片）

P.25 54至57

✿ 54至57共同材料（1個）

a布（印花棉布）27cm寬15cm
b布（印花棉布）14cm寬8cm
厚紙 20cm×15cm
麂皮帶 0.5cm寬45cm
鬆緊帶 0.5cm寬9cm
透明膠帶
手工藝白膠

✿ 54 材料

迷你帶釦（橢圓形・內徑5mm）2個
鉚釘（半球形・美甲用）10個

✿ 55 材料

c布（素色棉布）8cm寬4cm
迷你帶釦（圓形・內徑8mm）2個
鉚釘（星形・美甲用） 8個
鉚釘（圓形・美甲用） 2個
珠鍊（附開釦・粗1.5mm）4cm
吊飾（鑰匙造形）1個
C圈（6mm×4mm）1個

✿ 56 材料

皮革 2cm×1cm
迷你帶釦（橢圓形・內徑5mm）2個
鉚釘（圓錐形・美甲用） 10個
珠鍊（附開釦・粗1.5mm）6cm
吊飾（鑰匙造形）1個
圓形環（6mm）1個
圓形環（4mm）1個

✿ 57 材料

c布（素色棉布）8cm寬4cm
迷你帶釦（長方形・內徑5mm）2個
鉚釘（半球形・美甲用） 10個
吊飾（艾菲爾鐵塔形）1個
圓形環（8mm）1個
圓形環（5mm）1個

Point

建議將白膠塗於厚紙後再將布貼上，成品會更漂亮。

作法

1 以厚紙製作底座。

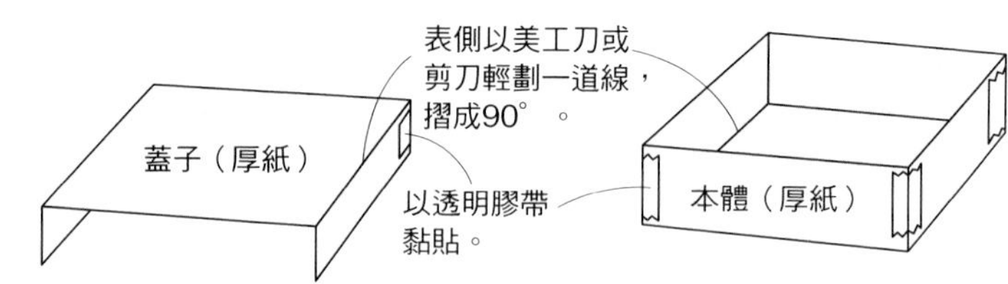

2 將蓋子＆本體貼上布。

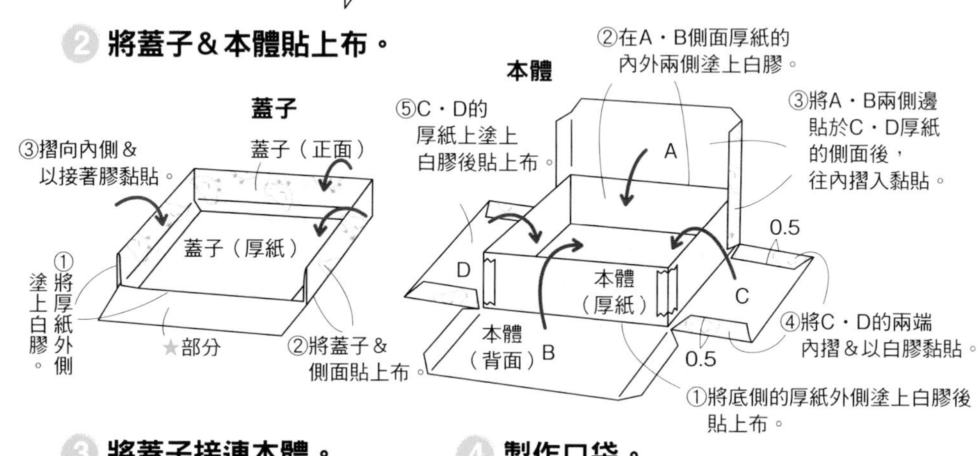

3 將蓋子接連本體。

4 製作口袋。

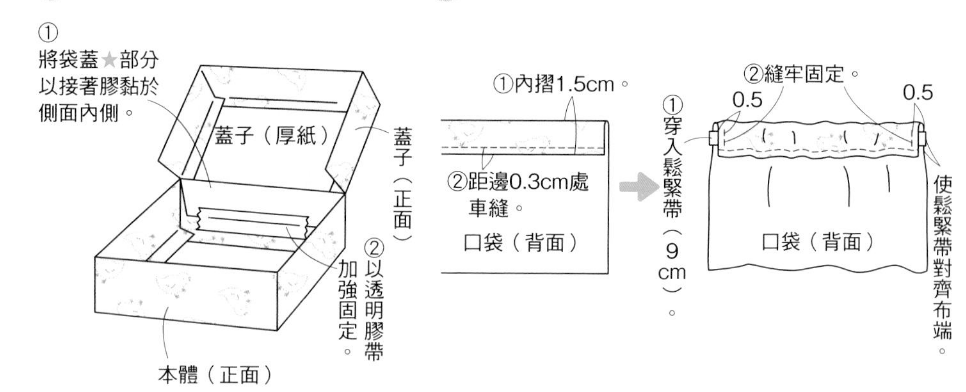

5 貼上內蓋＆內底。

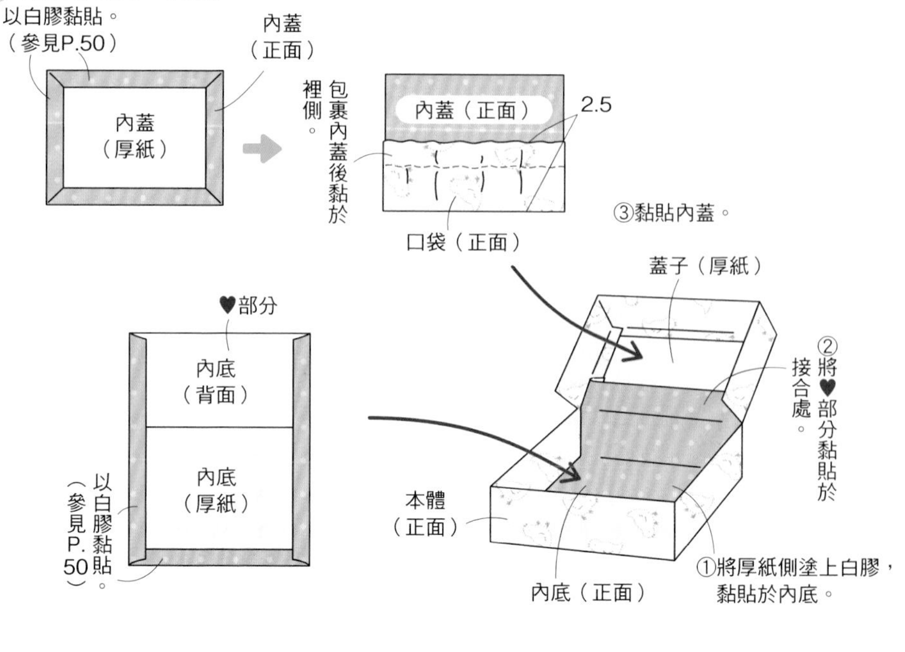

6 裝上皮帶＆提把。

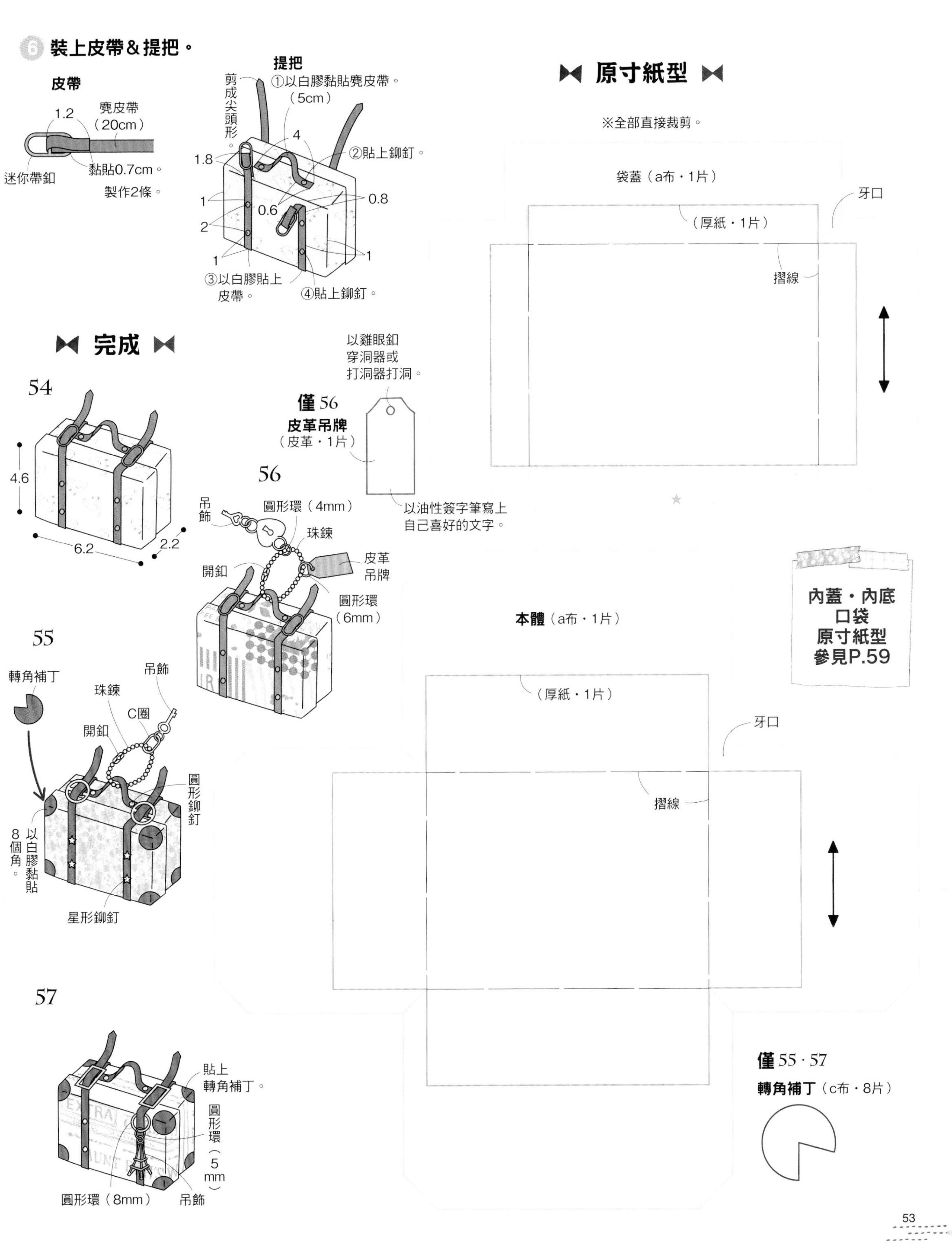

皮帶
1.2
麂皮帶（20cm）
迷你帶釦
黏貼0.7cm。
製作2條。
提把
①以白膠黏貼麂皮帶。（5cm）
剪成尖頭形。
4
1.8
②貼上鉚釘。
1
0.6
0.8
2
1
1
③以白膠貼上皮帶。
④貼上鉚釘。
完成
54
4.6
6.2
2.2
以雞眼釦穿洞器或打洞器打洞。
僅56
皮革吊牌（皮革・1片）
以油性簽字筆寫上自己喜好的文字。
56
吊飾
圓形環（4mm）
珠鍊
皮革吊牌
開釦
圓形環（6mm）
55
轉角補丁
吊飾
珠鍊
C圈
開釦
圓形鉚釘
以白膠黏貼8個角。
星形鉚釘
57
貼上轉角補丁。
圓形環（5mm）
圓形環（8mm）
吊飾
原寸紙型
※全部直接裁剪。
袋蓋（a布・1片）
牙口
（厚紙・1片）
摺線
內蓋・內底口袋原寸紙型參見P.59
本體（a布・1片）
（厚紙・1片）
牙口
摺線
僅55・57
轉角補丁（c布・8片）

P.30　58・59・60

✿58・59・60 **共同材料（1個）**
表布（58・60 格子棉布　59素色棉布）
21cm寬13cm
布襯　21cm寬13cm

✿59 **材料**
羅紋緞帶　0.9cm寬25cm

✿60 **材料**
鈕釦（直徑8mm）2個

⧓ 作法 ⧓

1 縫製帽簷。

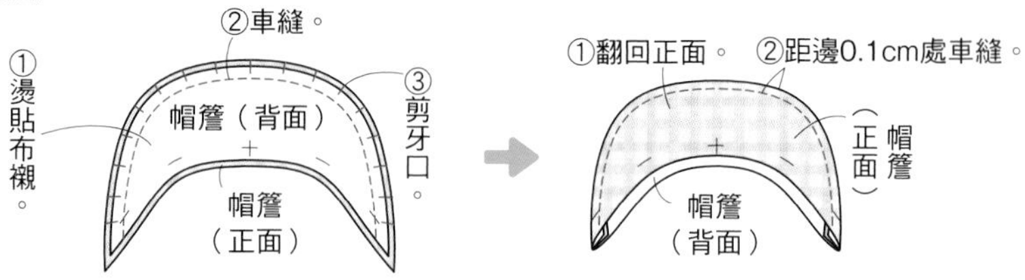

2 縫合側邊帽體&表帽帶，再接合帽簷。

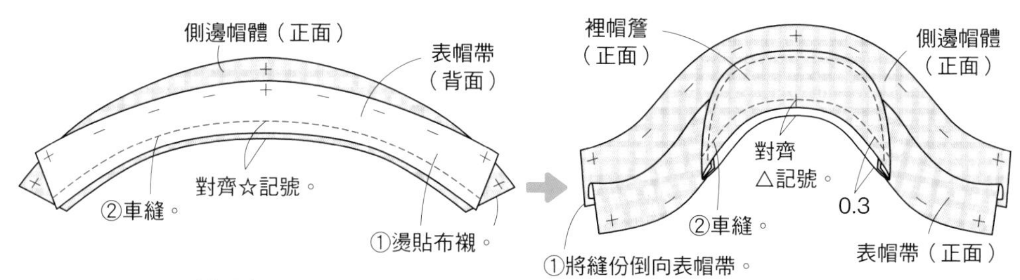

3 縫上裡帽帶。

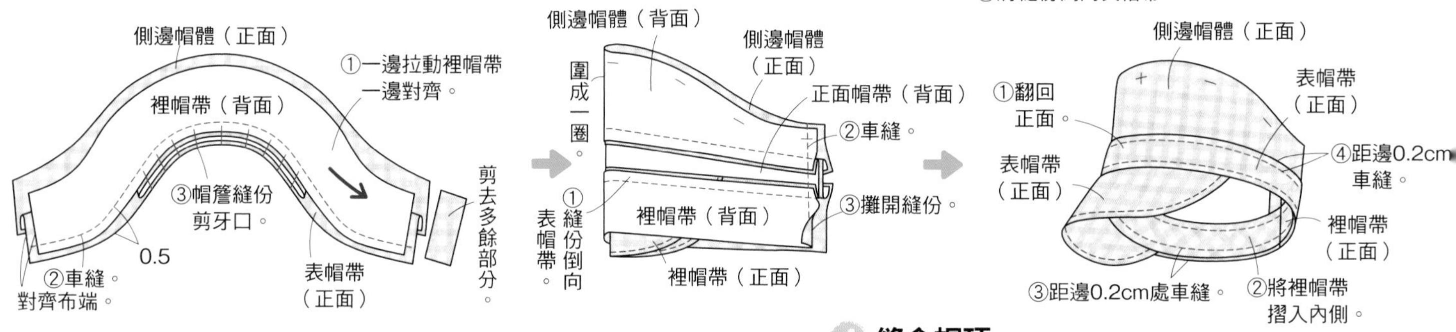

⧓ 完成 ⧓

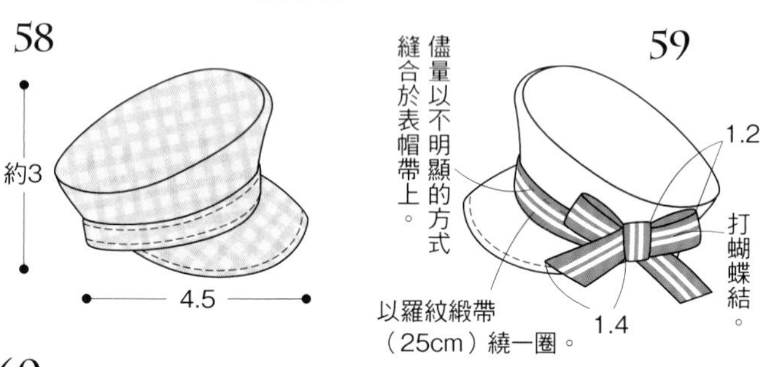

60

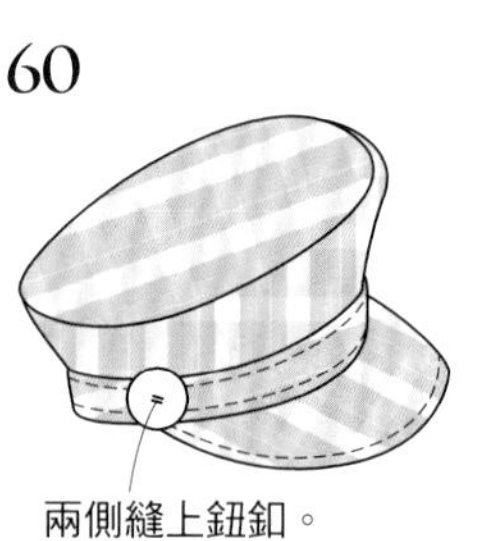

4 縫合帽頂。

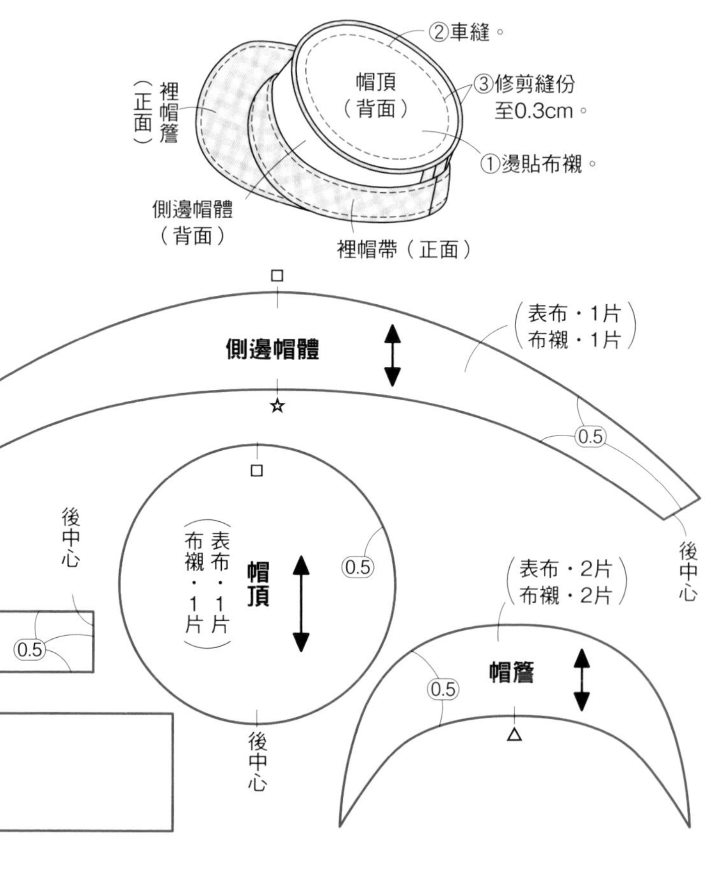

⧓ 原寸紙型 ⧓

預留○內數字的縫份後再裁剪。

表帽帶（表布・1片　布襯・1片）　後中心　後中心　0.5

裡帽帶（表布・1片）　0

P.31 61・62

✿ 61・62共同材料（1個）

表布（印花棉布）12cm寬9cm
裡布（印花棉布）12cm寬9cm
緞帶 0.5m寬16cm
金屬吊飾（星形6mm） 1個
手工藝白膠

作法

1 製作帽簷。

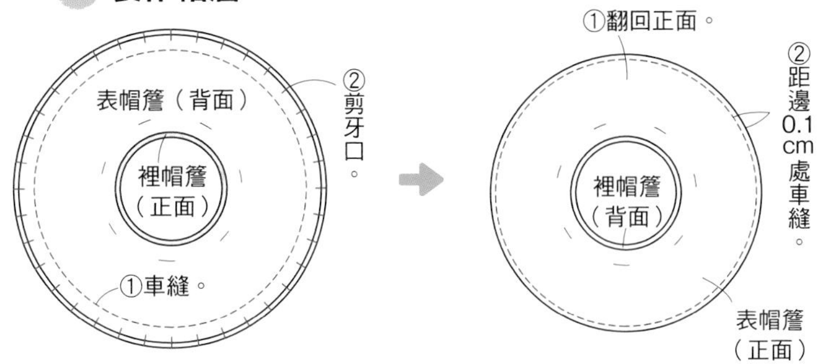

2 縫合側邊帽體&帽頂。

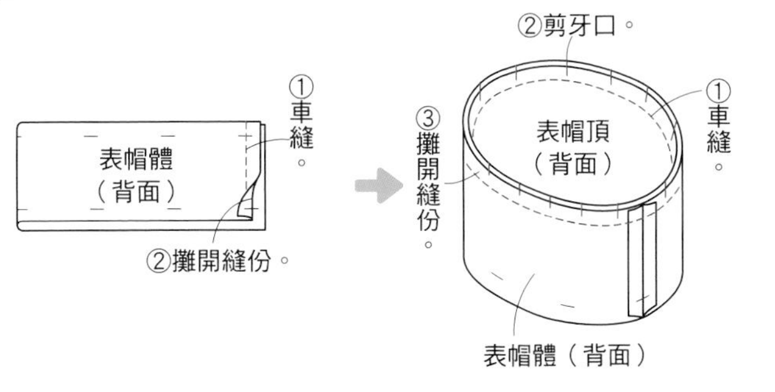

3 縫合表帽體&帽簷。

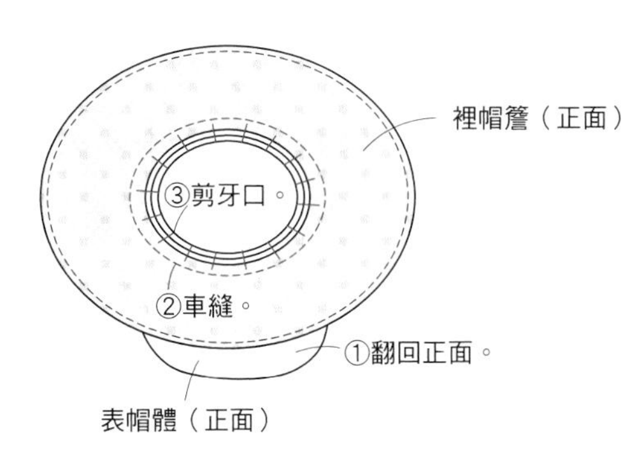

4 縫合裡帽頂&裡帽簷。

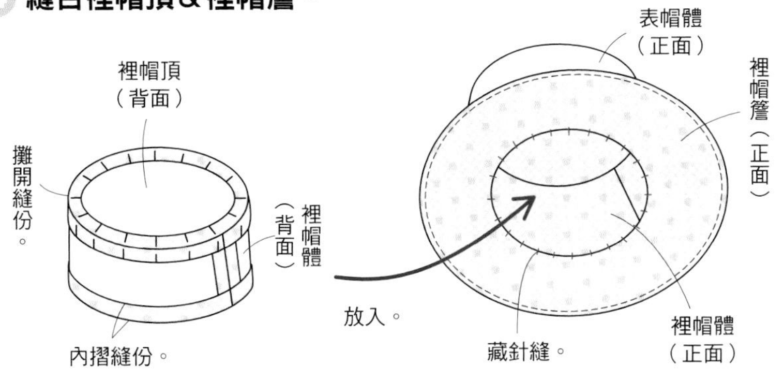

5 縫上緞帶。

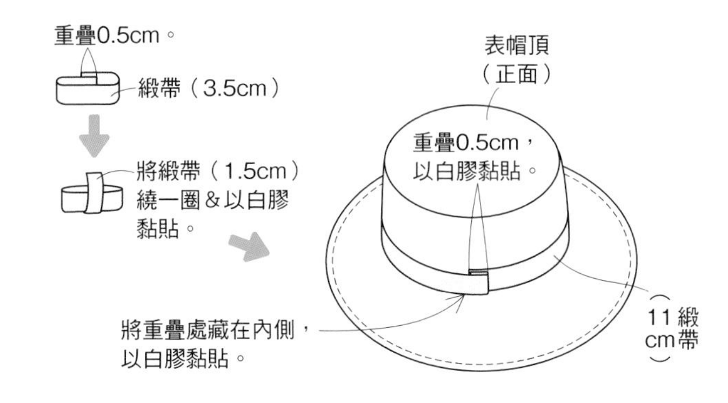

原寸紙型

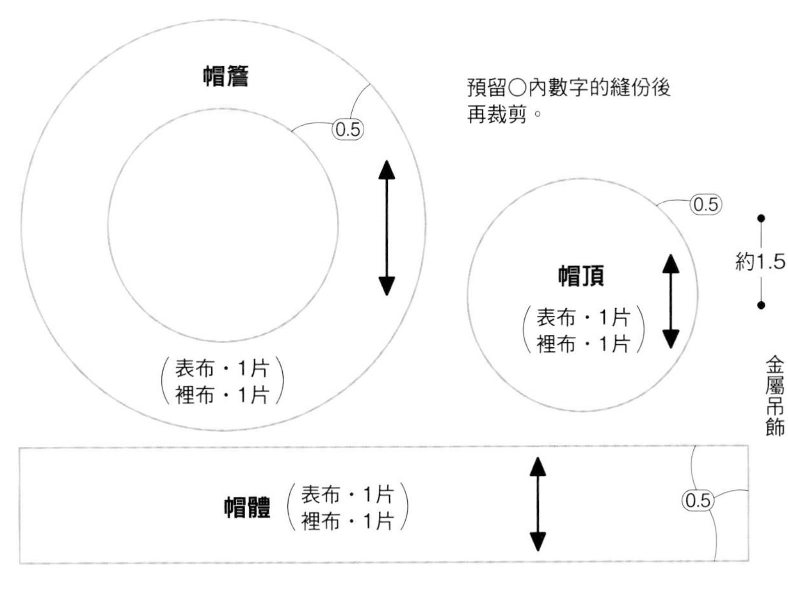

完成

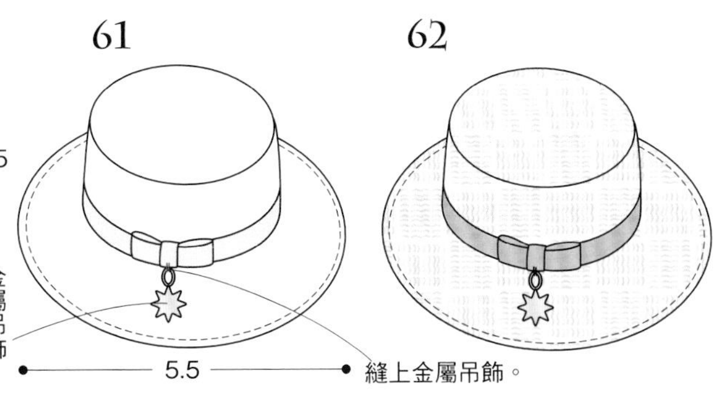

P.32 63・64・65

✿63・64・65 共同材料（1個）

不織布A（63深咖啡色 64橘色 65薄荷綠）
10cm×10cm
不織布B（米白色）5cm×5cm
a布（63條紋棉布 64格子棉布 65印花棉布）
10cm寬10cm
緞帶 0.5cm寬3cm
手工藝用棉花
手工藝白膠

✿64材料

b布（印花棉布）2cm寬1cm

✿65材料

鈕釦（直徑5mm）2個
珠鍊（附開釦・粗1.5mm）9cm

⋈ 原寸紙型 ⋈

※全部直接裁剪。

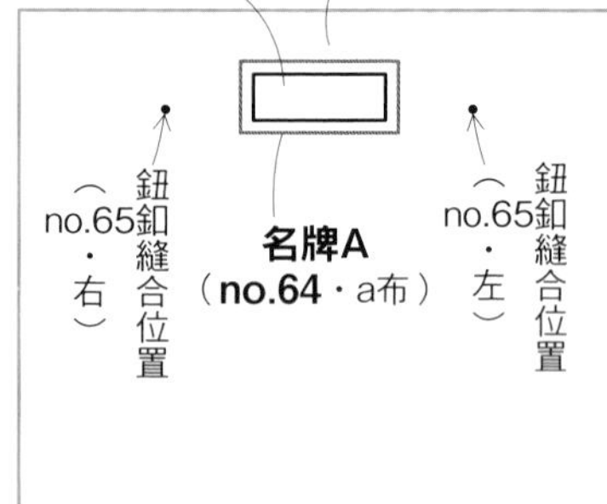

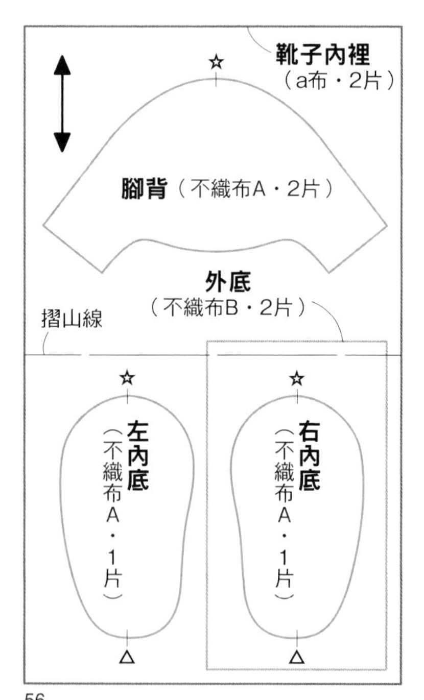

⋈ 作法 ⋈

1 縫製靴子。

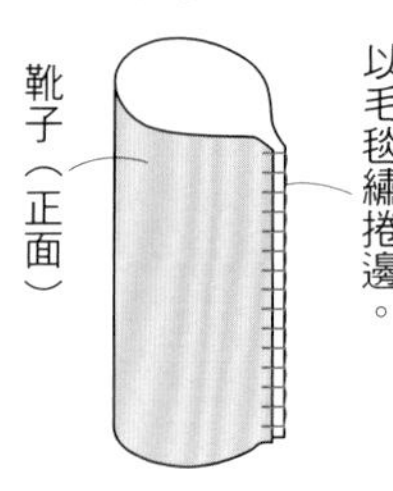
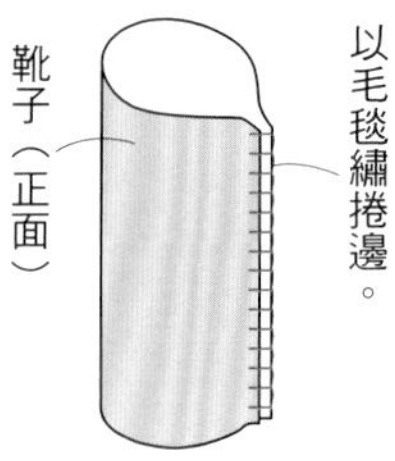

毛毯繡

0.2
0.2

2 加入內底。

靴子
（正面）
內底
（背面）
對齊內底△接縫。
以白膠黏合。

3 縫上腳背。

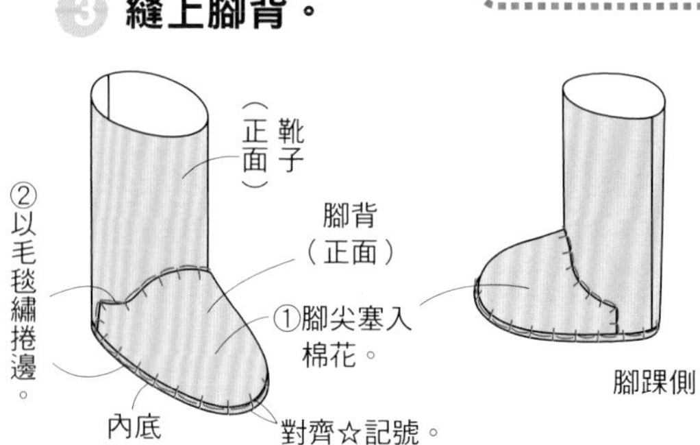

4 接合外底。

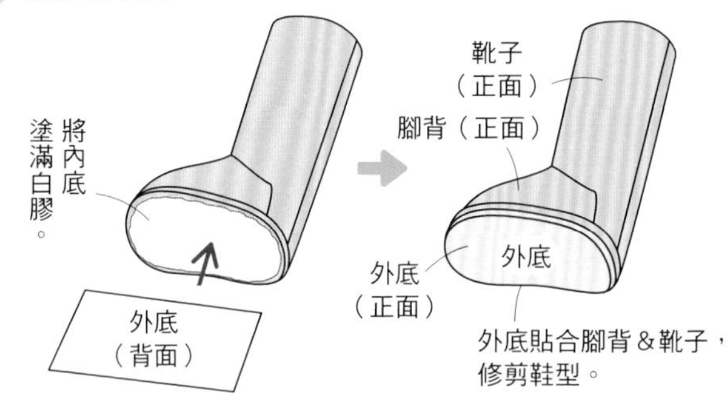

5 縫上布耳。

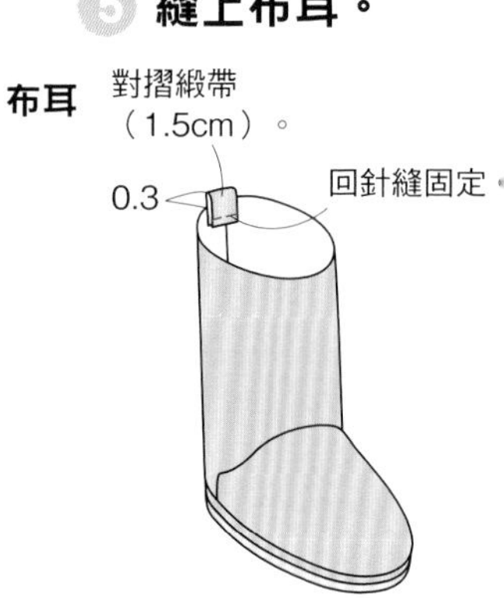

6 在靴子內部加入內裡。

⋈ 完成 ⋈

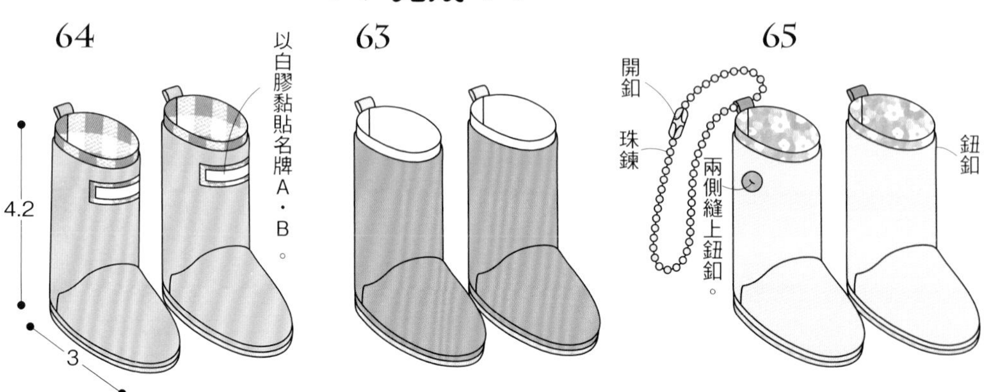

P.33 66

✿ 材料

表布（印花棉布）14cm寬13cm
裡布（素色棉布）11cm寬13cm
緞帶 0.5cm寬4cm
蕾絲飾片（11mm）2片
寶石（6mm）2個

作法

原寸紙型參見P.59

1 縫合鞋子&底部。

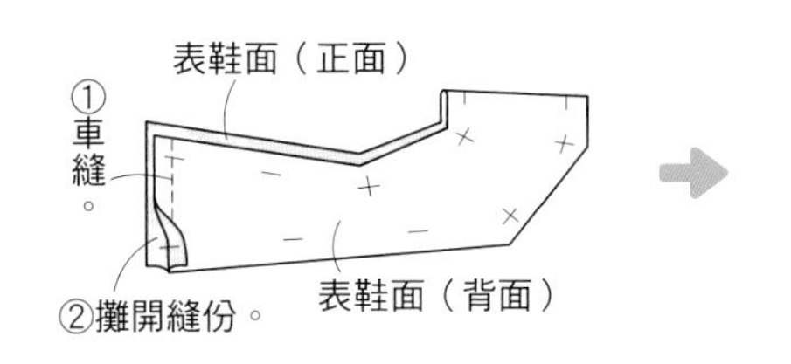

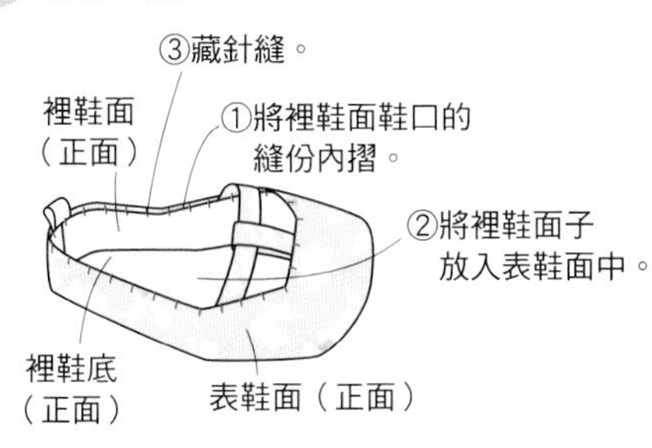

2 縫上布耳。

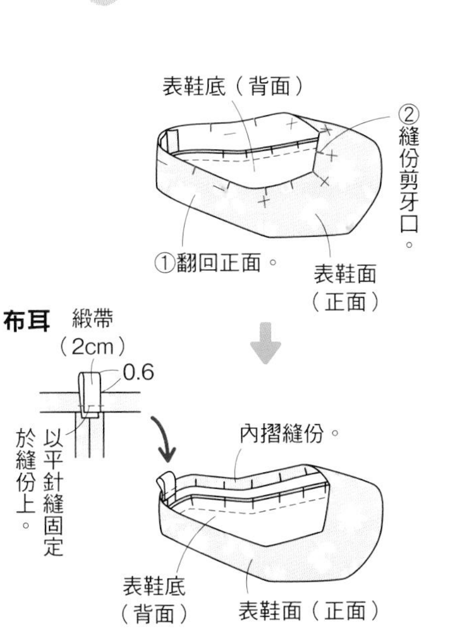

3 製作&接縫鞋帶。

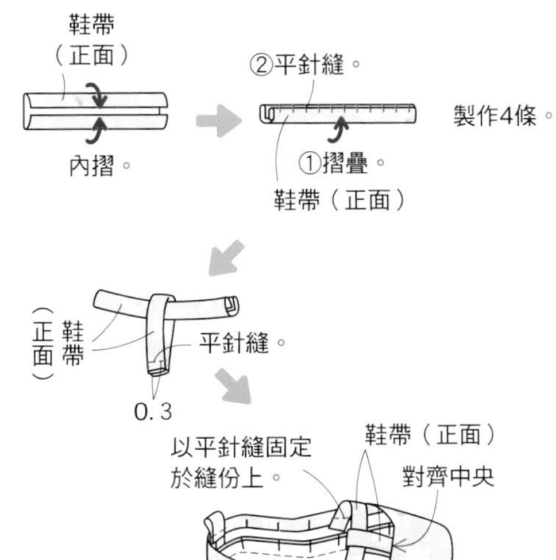

4 縫合鞋口。

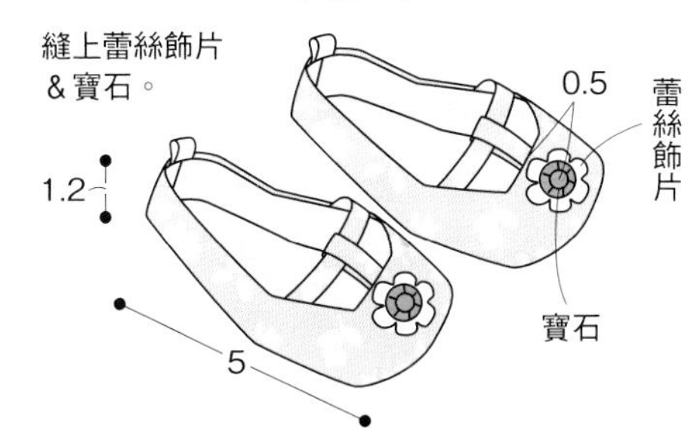

完成

P.33 67・68

✿ 67・68 共同材料（1個）

表布（67條紋棉布　68印花棉布）13cm寬13m
裡布（素色棉布）13cm寬13m
緞帶 0.5cm寬5cm

原寸紙型參見P.59

作法

1 縫合鞋面&底部。

（作法同66）

2 製作鞋帶。

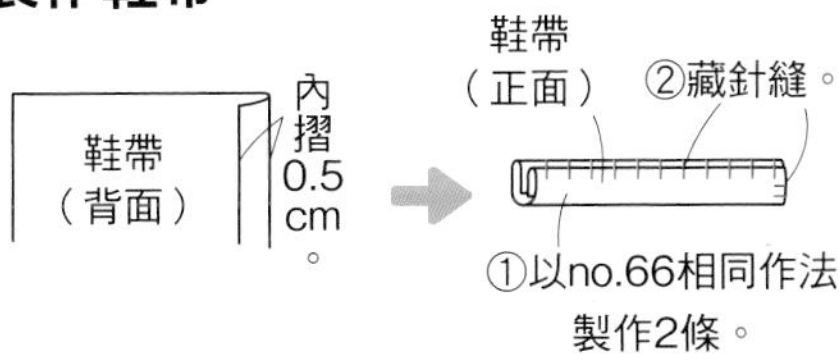
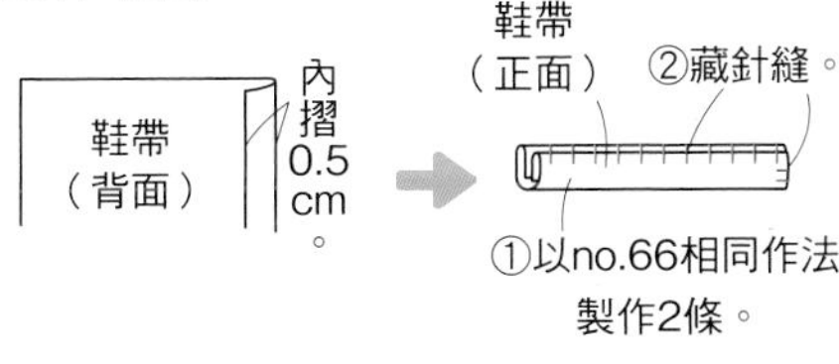

3 接縫鞋帶&布耳。

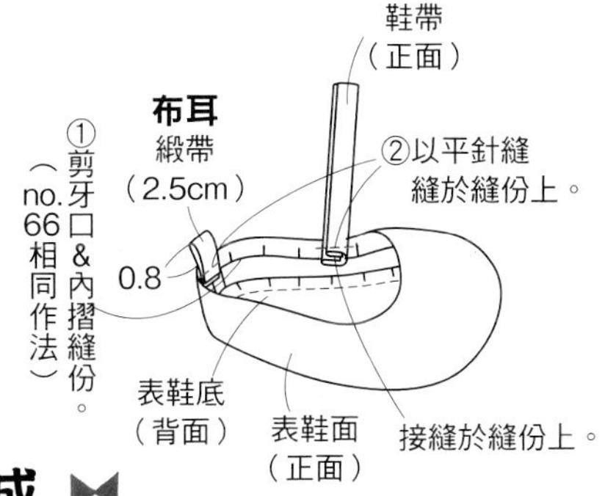

4 縫製鞋口。

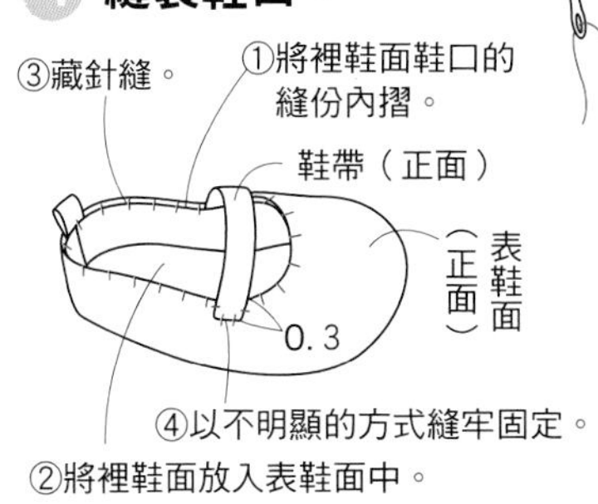

5 製作裝飾花。

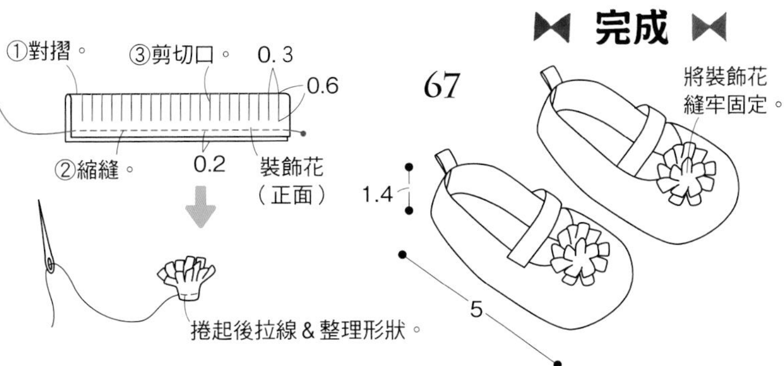

完成

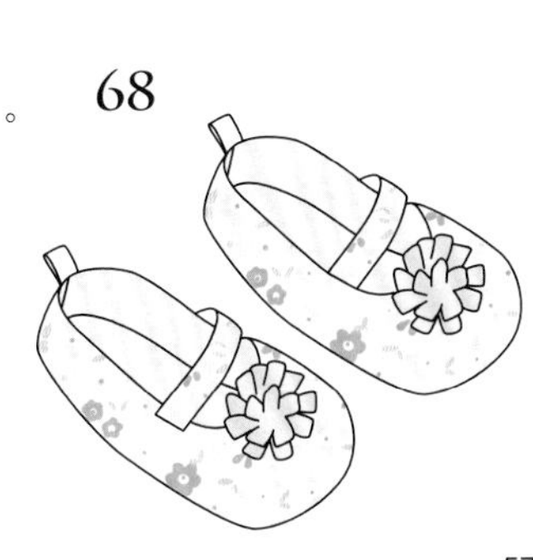

P.34 69·70·71

✿69·70·71 共同材料（1個）
表布（印花棉布）13cm寬13cm
鐵絲（粗2mm）13cm
鈕釦（直徑5mm）1個
蕾絲飾片（8mm）1片
圓形環（8mm）1個
C圈（8mm×4mm）1個
珠鍊（含開釦・粗1.5mm）12cm
指甲油（69水藍色　70・71粉紅色）
手工藝白膠

✿69 材料
羅紋緞帶 0.6cm寬45cm
緞帶 0.3cm寬15cm

✿70・71 材料（1個）
棉製粗線蕾絲 1.5cm寬45cm
緞帶 0.3cm寬17cm

⧓ 作法 ⧓

❶ 製作傘面。

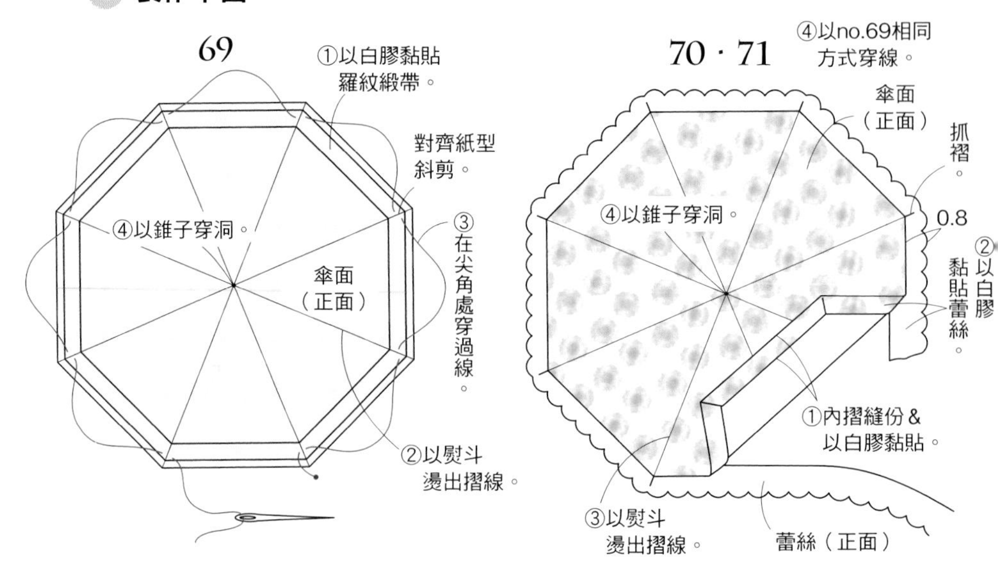

❷ 製作傘把＆固定於傘面上。

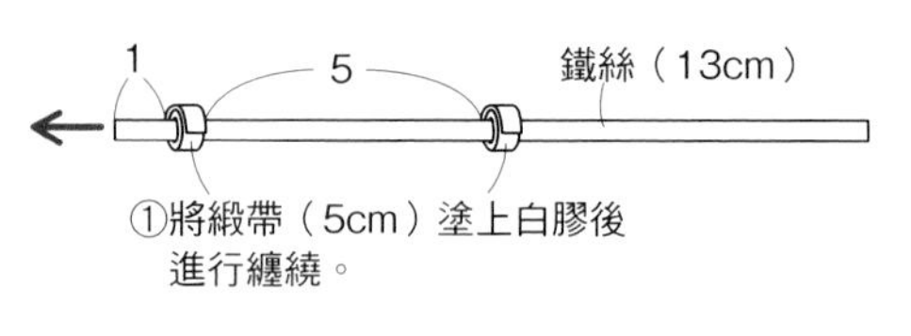

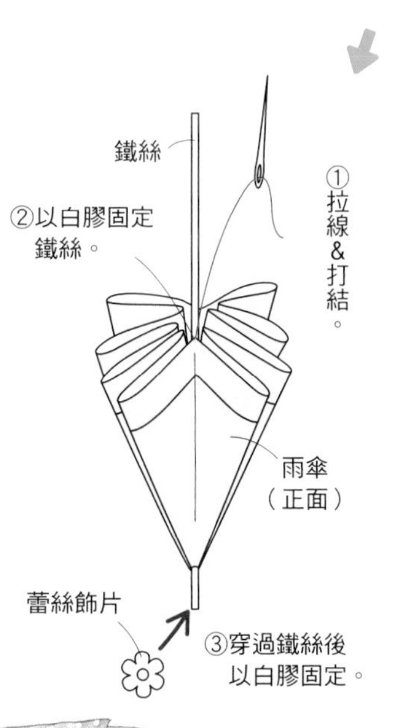

❸ 製作且接縫吊耳＆束帶。

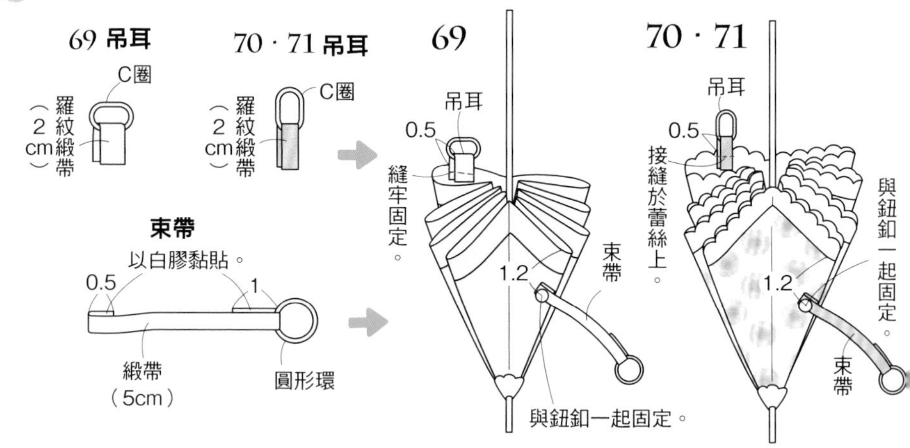

⧓ 完成 ⧓

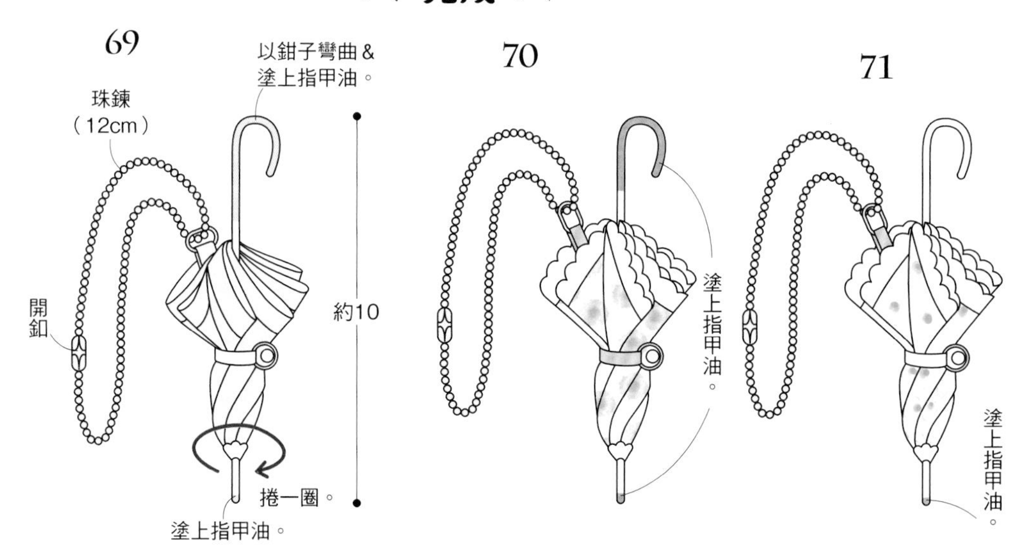

原寸紙型

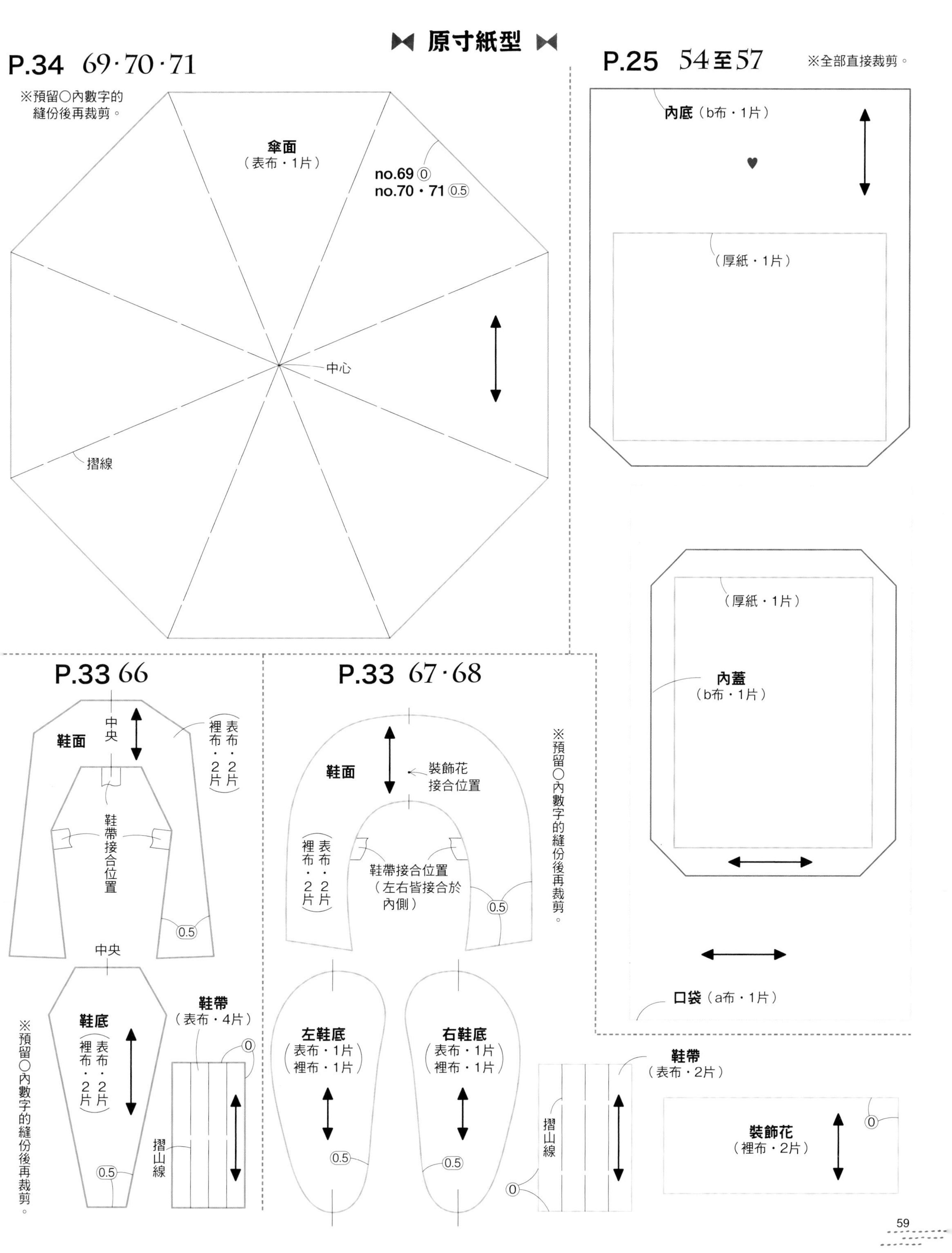
P.34 69・70・71
※預留○內數字的縫份後再裁剪。
傘面
（表布・1片）
no.69 0
no.70・71 0.5
中心
摺線
P.25 54至57
※全部直接裁剪。
內底（b布・1片）
（厚紙・1片）
（厚紙・1片）
內蓋
（b布・1片）
口袋（a布・1片）
P.33 66
中央
鞋面
表布・2片
裡布・2片
鞋帶接合位置
0.5
中央
鞋底
表布・2片
裡布・2片
0.5
※預留○內數字的縫份後再裁剪。
鞋帶
（表布・4片）
0
摺山線
P.33 67・68
鞋面
裝飾花接合位置
表布・2片
裡布・2片
鞋帶接合位置
（左右皆接合於內側）
0.5
※預留○內數字的縫份後再裁剪。
左鞋底
（表布・1片
裡布・1片）
0.5
右鞋底
（表布・1片
裡布・1片）
0.5
鞋帶
（表布・2片）
摺山線
0
裝飾花
（裡布・2片）
0

P.6 19

✿ 材料

表布（印花棉布）8cm寬12cm
配布（條紋棉布）8cm寬9cm
裡布（印花棉布）8cm寬12cm
化纖蕾絲 1.1cm寬16cm
緞帶 0.6cm寬12cm
蕾絲飾片A（10mm）2片
蕾絲飾片B（8mm）1片
串珠A（4mm×3mm橢圓形）2個
串珠B（3mm×2mm橢圓形）1個
塑膠花形裝飾（10mm）1個

⧓ 作法 ⧓

2 **縫製口袋＆固定於袋布上。**

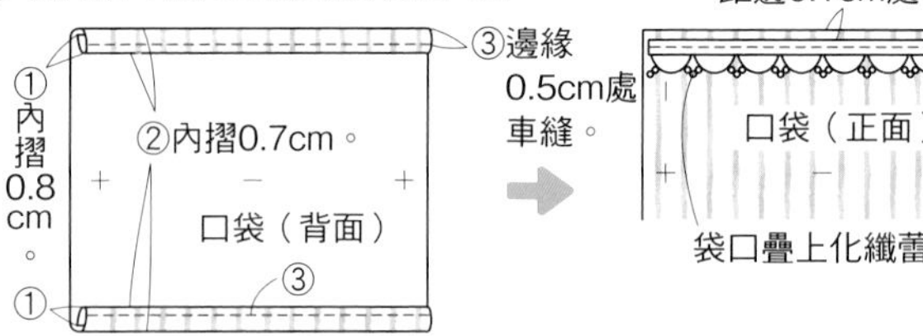

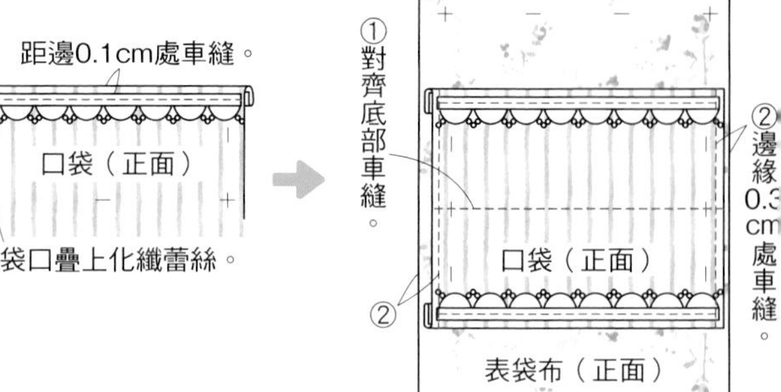

3 **固定提把。**

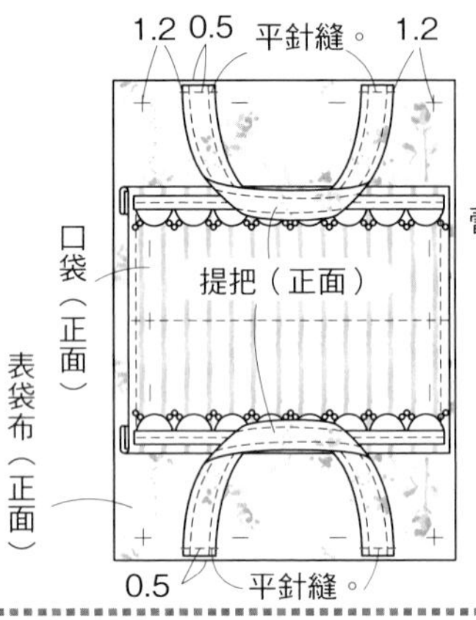

4 **縫製袋口**（作法同P.10）。

5 **縫合脇邊＆返口。**（作法同P.10）。

6 **加上蕾絲飾片・串珠・花形裝飾。**

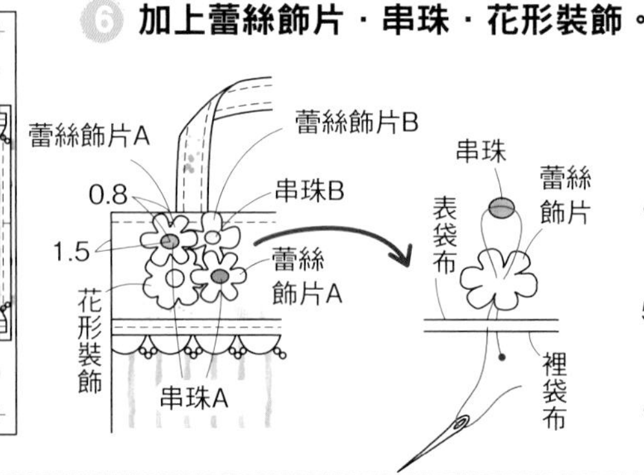

⧓ 完成 ⧓

P.38 75・76・77

✿ 75 材料

表布（印花棉布）14cm寬12cm
化纖蕾絲 1.1cm寬14cm
緞帶 0.5cm寬50cm
蕾絲飾片（13mm）1片

✿ 76 材料

表布（素色棉布）7cm寬22cm
緞帶 0.4cm寬50cm
植絨貼紙（燙黏片18mm×17mm）1片

✿ 77 材料

表布（條紋棉布）14cm寬10cm
配布（素色棉布）7cm寬4cm
棉製粗線蕾絲 1.1cm寬14cm
緞帶 0.4cm寬50cm

75

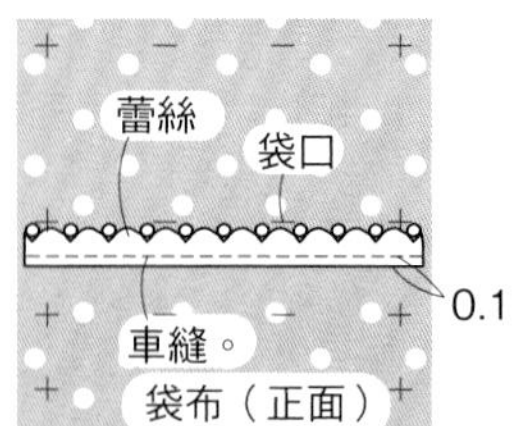

⧓ 作法 ⧓

1 **接縫蕾絲（77・75）＆底布（77）。**

77

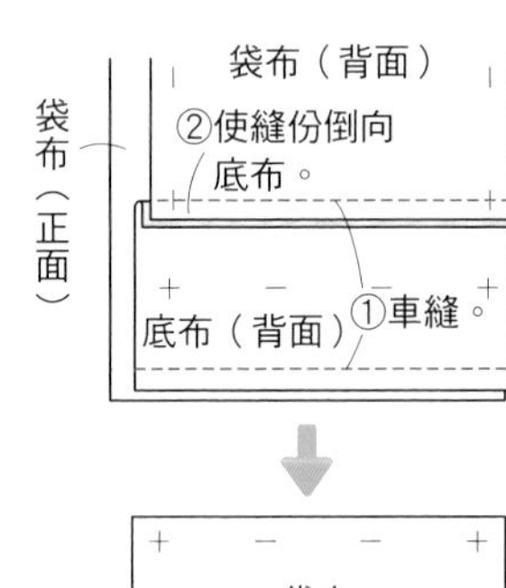

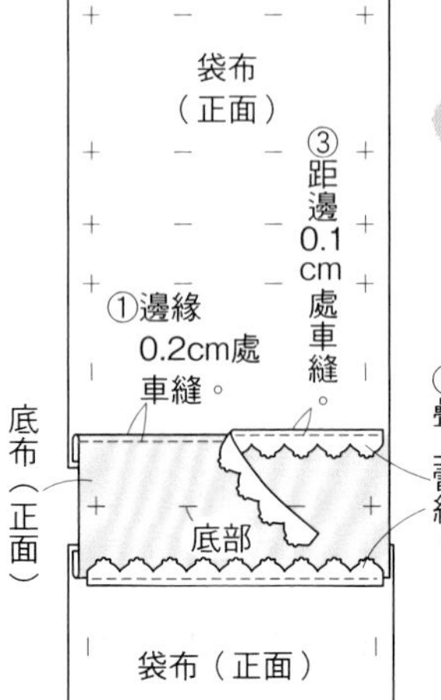

2 **縫合脇邊＆底部**（僅75）。

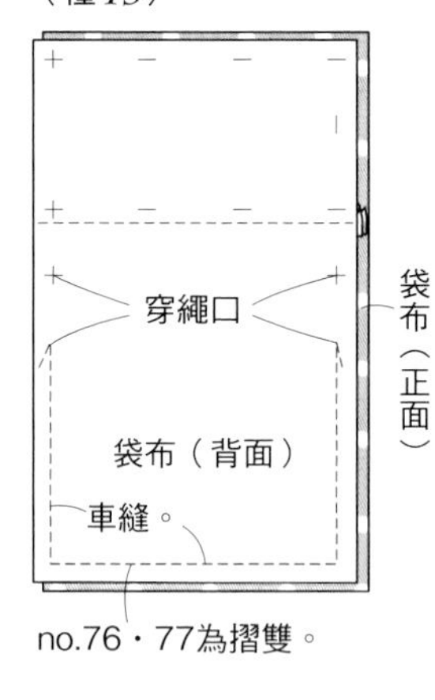

no.76・77為摺雙。

3 **縫製袋口。**（參照P.39）

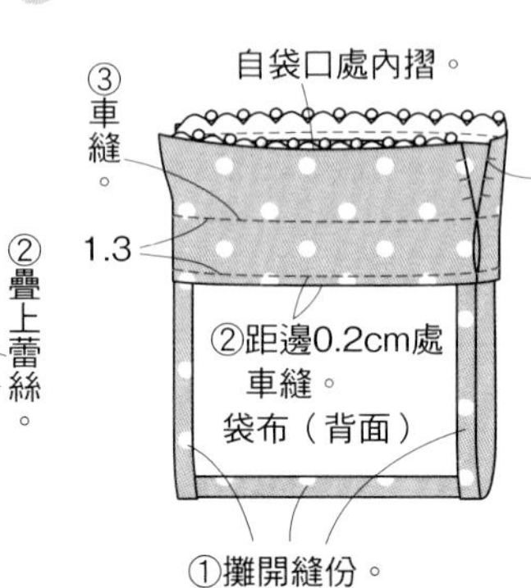

⧓ 完成 ⧓

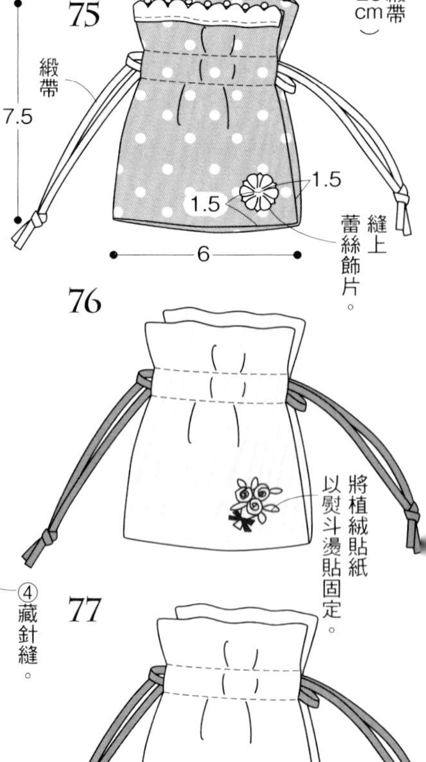

原寸紙型

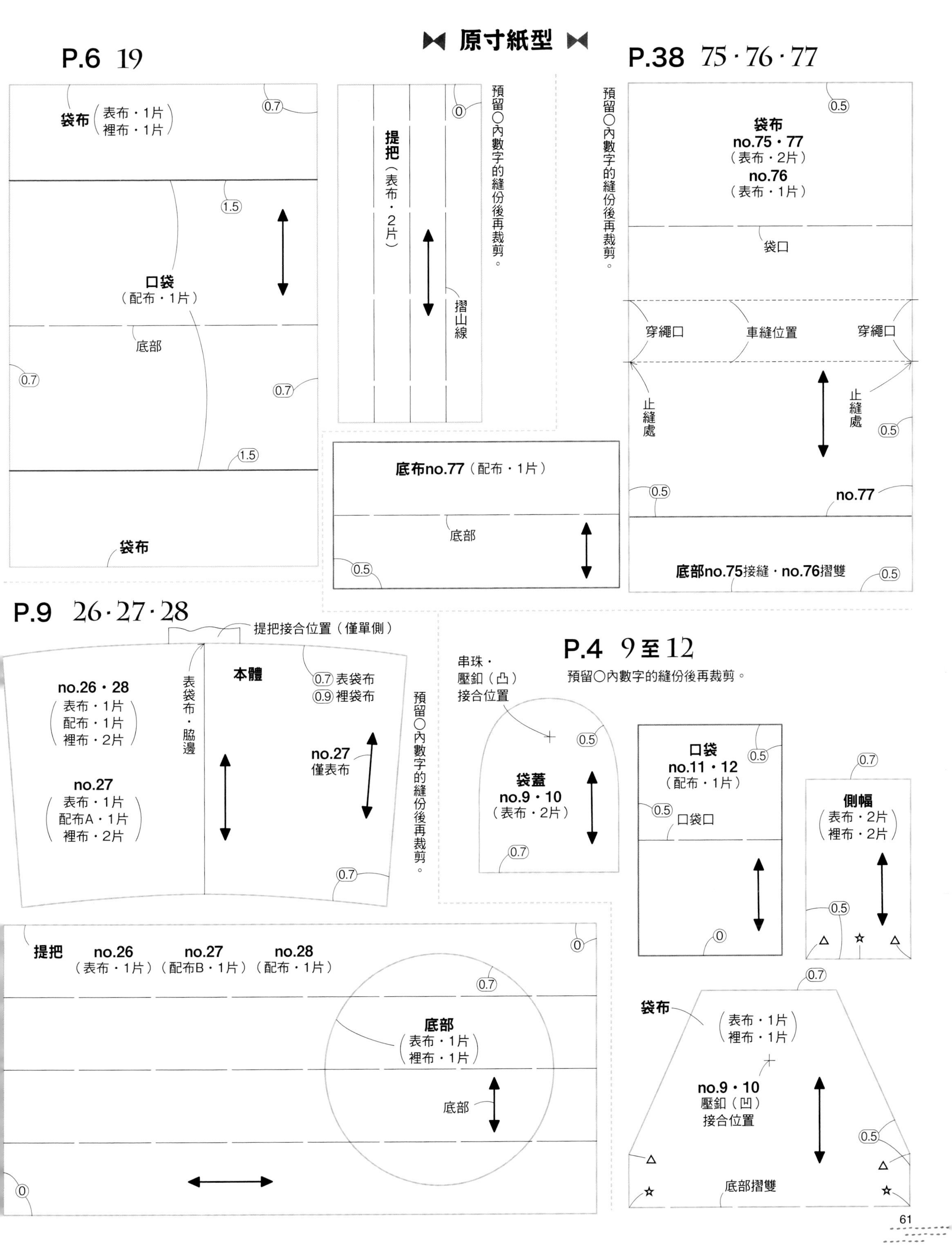

P.6 19
袋布（表布・1片 裡布・1片）
0.7
1.5
口袋（配布・1片）
底部
0.7
0.7
1.5
袋布
0
提把（表布・2片）
摺山線
預留○內數字的縫份後再裁剪。
底布no.77（配布・1片）
底部
0.5
P.38 75・76・77
預留○內數字的縫份後再裁剪。
0.5
袋布
no.75・77
（表布・2片）
no.76
（表布・1片）
袋口
穿繩口
車縫位置
穿繩口
止縫處
止縫處
0.5
0.5
no.77
底部no.75接縫・no.76摺雙
0.5
P.9 26・27・28
提把接合位置（僅單側）
本體
0.7 表袋布
0.9 裡袋布
no.26・28
（表布・1片 配布・1片 裡布・2片）
表袋布・脇邊
no.27
（表布・1片 配布A・1片 裡布・2片）
no.27
僅表布
0.7
預留○內數字的縫份後再裁剪。
提把 no.26（表布・1片） no.27（配布B・1片） no.28（配布・1片）
0
0.7
底部
（表布・1片 裡布・1片）
底部
0
P.4 9至12
預留○內數字的縫份後再裁剪。
串珠・壓釦（凸）接合位置
0.5
袋蓋
no.9・10
（表布・2片）
0.7
口袋
no.11・12
（配布・1片）
0.5
0.5
口袋口
0
0.7
側幅
（表布・2片 裡布・2片）
0.5
0.7
袋布
（表布・1片 裡布・1片）
no.9・10
壓釦（凹）
接合位置
0.5
底部摺雙

⧓ 原寸紙型 ⧓

P.2 1至5 ・P.3 6・7・8

預留○內數字的縫份後再裁剪。

no.1至8
底布（b布・1片）
底部
0.5

袋口側
布標
（**no.7**・d布）
0
0.7
0.5
no.1至8 表袋布（a布・2片）

no.3・5
提把（d布・2片）
摺山線
0

no.1至8
裡袋布
（c布・1片）
底部
0.7
0.5

P.16 39・40・41

預留○內數字的縫份後再裁剪。

摺山線
no.39・41
提把（表布・1片）
0

抓皺
側幅（配布・1片 裡布・1片）
摺雙
中央
抓皺
0.8
袋布（表布・2片 裡布・2片）
袋布
中央
提把接合位置

P.15 32至35

預留○內數字的縫份後再裁剪。

袋蓋（表布・1片 裡布・1片 布襯・1片）
0.5
壓釦接合位置
no.34・35
標帶（豬麂皮・2片）

本體（表布・2片 裡布・2片 布襯・2片）
壓釦
接合位置
0.5

側幅（表布・1片 裡布・1片 布襯・1片）
0.5

no.34・35
緞帶（豬麂皮・1片）
0

原寸紙型

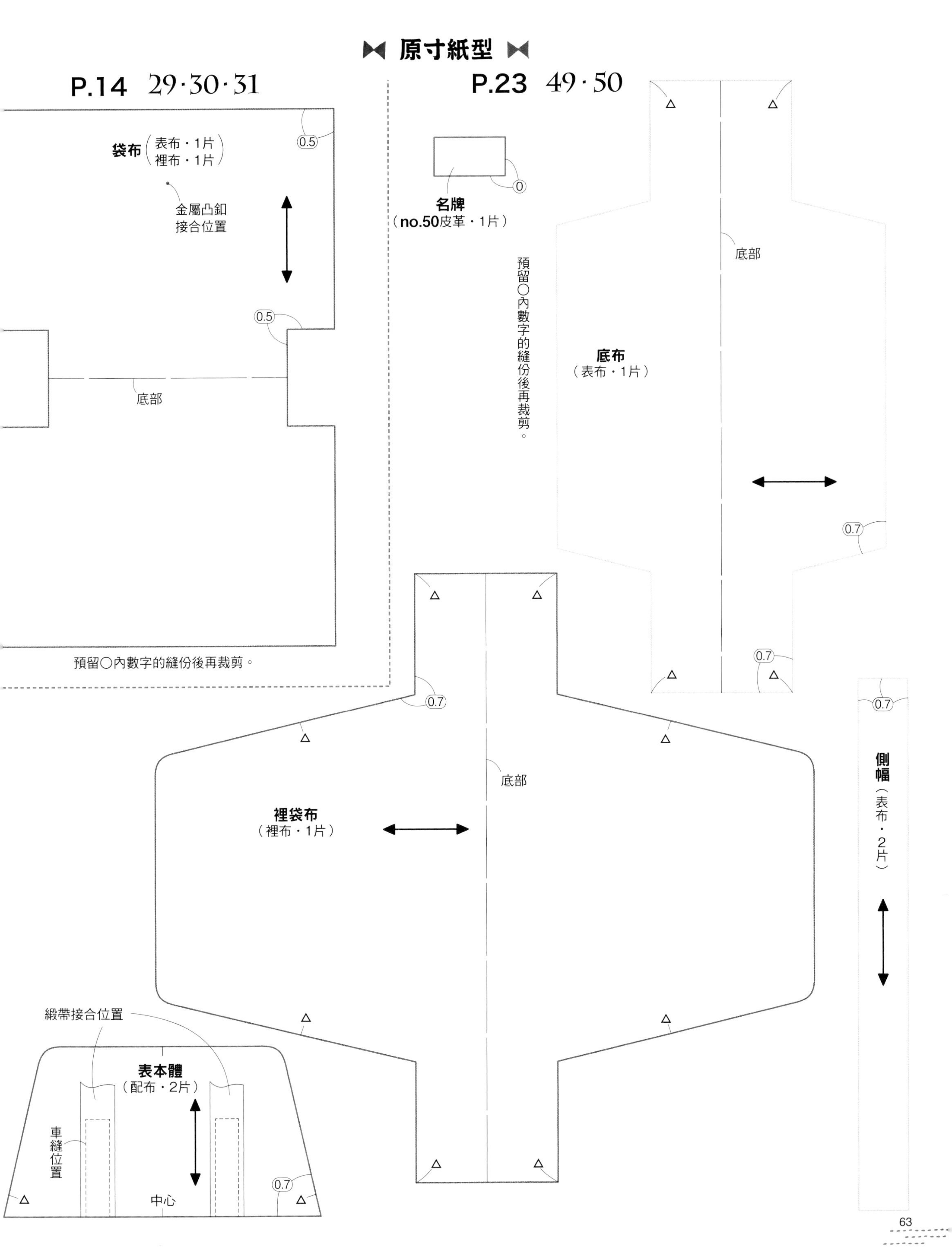

P.14 29・30・31
袋布（表布・1片 裡布・1片）
金屬凸釦接合位置
0.5
0.5
底部
預留○內數字的縫份後再裁剪。
緞帶接合位置
表本體（配布・2片）
車縫位置
中心
0.7
P.23 49・50
名牌（no.50皮革・1片）
0
預留○內數字的縫份後再裁剪。
底布（表布・1片）
底部
0.7
0.7
裡袋布（裡布・1片）
底部
0.7
側幅（表布・2片）
0.7

開始動手作之前

※本書中原寸紙型皆不含縫份，請依指示外加縫份之後再裁剪布料。
※若作法圖示中標示「車縫」，但覺得零件過小難以車縫時，改以手縫方式也OK！

原寸紙型の複寫&裁剪

1 請將本書中的原寸紙型以描圖紙（半透明薄紙）或薄紙以鉛筆描寫&裁剪，也可使用影印機影印。

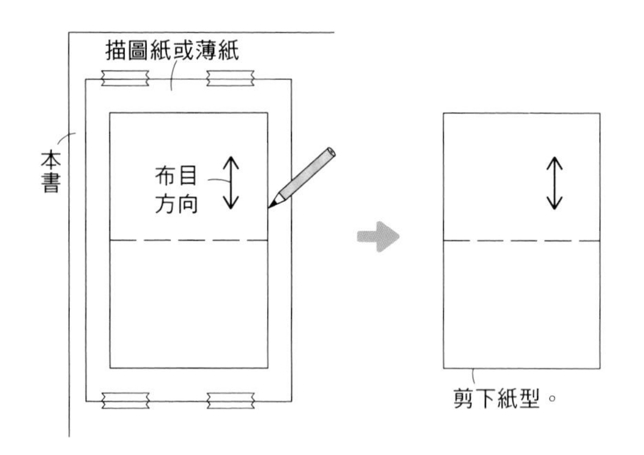

2 在布的背面放上紙型，以粉土筆描繪完成線。

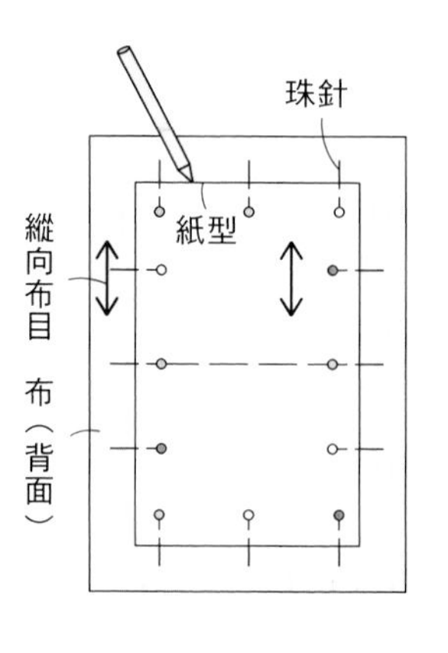

3 外加指定的縫份後裁剪。

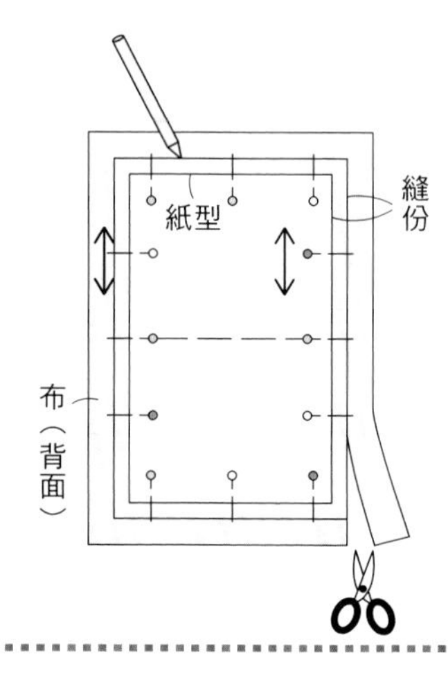

紙型記號

完成線	指標線（打褶等）	摺雙線
———	———	— — —
布目方向線	壓釦·鈕釦	摺山線
←→	+	— — —

※布目方向線…箭頭方向表示布目方向。

車縫方法&技巧

始縫處&縫畢處皆進行回針縫。
回針縫為在同樣的車縫針目上來回車縫2至3次。

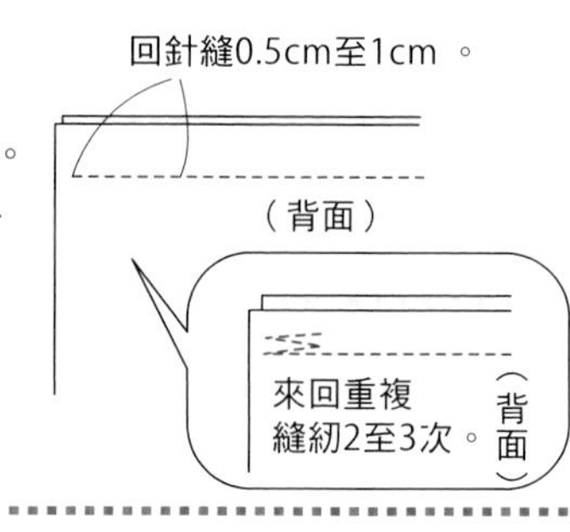

基本手縫法

密縫（平針密縫）

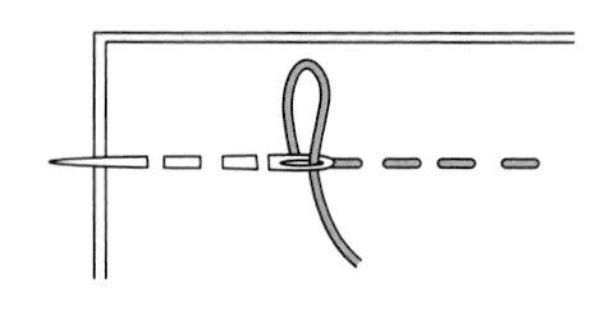

平針縫

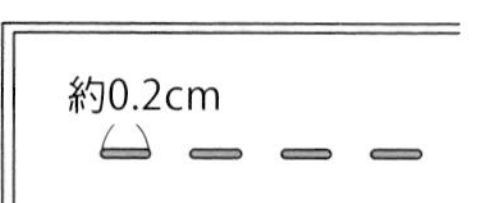

貼布縫

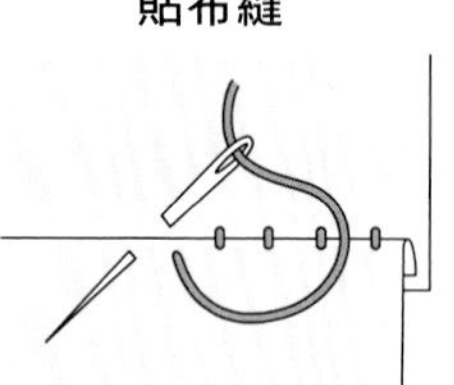

藏針縫

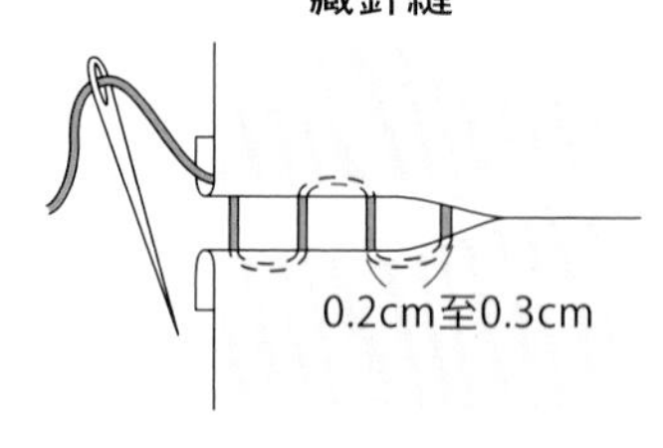

回針縫

圓形環の接合方法

以尖嘴鉗或老虎鉗自兩側夾住，前後錯位地拉開；閉合時以尖嘴鉗或老虎鉗內壓，將圓環兩側對齊接合。打開時不要往左右拉，否則會無法漂亮地閉合。

前後錯位地拉開，閉合時則將圓環兩側對齊接合。

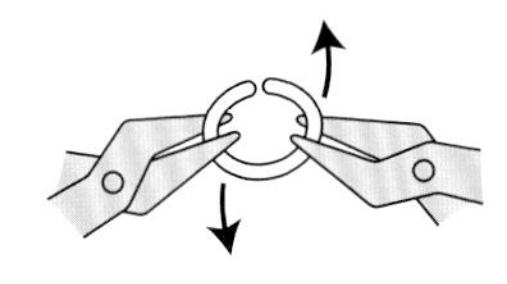

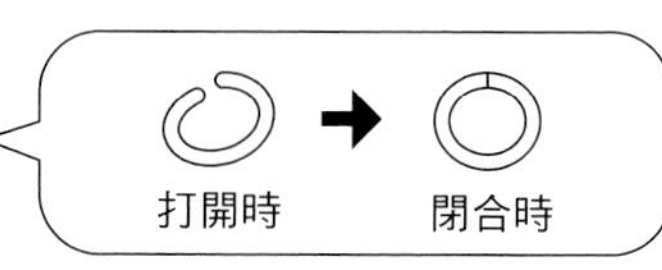

連接小零件時使用。

輕・布作 30

簡單・可愛・超開心手作！
袖珍包兒x雜貨の迷你布作小世界（暢銷版）

作　　者／BOUTIQUE-SHA
譯　　者／吳思穎
發 行 人／詹慶和
總 編 輯／蔡麗玲
執行編輯／陳姿伶
編　　輯／蔡毓玲・劉蕙寧・黃璟安・李宛真・陳昕儀
執行美編／翟秀美・陳麗娜
美術編輯／周盈汝・韓欣恬
內頁排版／造極
出 版 者／Elegant-Boutique新手作
發 行 者／悅智文化事業有限公司　　郵政劃撥帳號／19452608
戶　　名／悅智文化事業有限公司
地　　址／新北市板橋區板新路206號3樓
網　　址／www.elegantbooks.com.tw
電子郵件／elegant.books@msa.hinet.net　電　話／(02)8952-4078
傳　　真／(02)8952-4084

2019年4月二版一刷　定價320元

Lady Boutique Series No.3898
Nuno de Tsukuru Miniature Size no Komono

經銷／易可數位行銷股份有限公司
地址／新北市新店區寶橋路235巷6弄3號5樓
電話／(02)8911-0825　傳真／(02)8911-0801

國家圖書館出版品預行編目(CIP)資料

簡單.可愛.超開心手作!袖珍包兒x雜貨の迷你布作小世界 / BOUTIQUE-SHA著 ; 吳思穎譯.
-- 二版. -- 新北市 : 新手作出版 : 悅智文化發行, 2019.04
面 ;　公分. -- (輕.布作 ; 30)
ISBN 978-957-9623-37-7 (平裝)

1.手工藝

426.7　108004716

輕・布作 24

簡單×好作
初學35枚和風布花設計
福清◎著
定價280元

輕・布作 25

從基本款開始學作61款手作包
自己輕鬆作簡單&可愛の收納包
(暢銷版)
BOUTIQUE-SHA◎授權
定價280元

輕・布作 26

製作技巧大破解!
一作就愛上の可愛口金包
日本ヴォーグ社◎授權
定價320元

輕・布作 28

實用滿分・不只是裝可愛!
肩背&手提okの大容量口金包
手作提案30選(暢銷版)
BOUTIQUE-SHA◎授權
定價320元

輕・布作 29

超圖解!
個性&設計感十足の94枚可愛
布作徽章×別針×胸花×小物
BOUTIQUE-SHA◎授權
定價280元

輕・布作 30

簡單・可愛・超開心手作!
袖珍包兒×雜貨の迷你布作小
世界(暢銷版)
BOUTIQUE-SHA◎授權
定價320元

輕・布作 31

BAG & POUCH・新手簡單作!
一次學會25件可愛布包&波奇
小物包
日本ヴォーグ社◎授權
定價300元

輕・布作 32

簡單才是經典!
自己作35款開心背著走的手作布
BOUTIQUE-SHA◎授權
定價280元

輕・布作 33

Free Style!
手作39款可動式收納包
看波奇包秒變小腰包、包中包、小提包、
斜背包……方便又可愛!
BOUTIQUE-SHA◎授權
定價280元

輕・布作 34

實用度最高!
設計感滿點の手作波奇包
日本VOGUE社◎授權
定價350元

輕・布作 35

妙用墊肩作の37個軟Q波奇包
2片墊肩→1個包,最簡便的防撞設
計!化妝包・3C包最佳選擇!
BOUTIQUE-SHA◎授權
定價280元

輕・布作 36

非玩「布」可!挑喜歡的布,作
自己的包
60個簡單&實用的基本款人氣包&布
小物,開始學布作的60個新手練習
本橋よしえ◎著
定價320元

輕・布作 37

NINA娃娃的服裝設計80+
獻給娃媽們~享受換裝、造型、扮演
故事的手作遊戲
HOBBYRA HOBBYRE◎著
定價380元

輕・布作 38

輕便出門剛剛好の人氣斜背包
BOUTIQUE-SHA◎授權
定價280元

輕・布作 39

這個包不一樣!幾何圖形玩創意
超有個性的手作包27選
日本ヴォーグ社◎授權
定價320元

輕・布作 40

和風布花の手作時光
從基礎開始學作和風布花の
32件美麗飾品
かくた まさこ◎著
定價320元

輕・布作 41

玩創意!自己動手作
可愛又實用的
71款生活感布小物
BOUTIQUE-SHA◎授權
定價320元

輕・布作 42

每日的後背包
BOUTIQUE-SHA◎授權
定價320元

輕・布作 43

手縫可愛の繪本風布娃娃
33個給你最溫柔陪伴的布娃兒
BOUTIQUE-SHA◎授權
定價350元

輕・布作 44

手作系女孩の
小清新布花飾品設計
BOUTIQUE-SHA◎授權
定價320元

輕・布作 45

花系女子の和風布花飾品設計
かわらしや◎著
定價320元

輕・布作 46

簡單直裁の43堂布作設計課
BOUTIQUE-SHA◎授權
定價320元

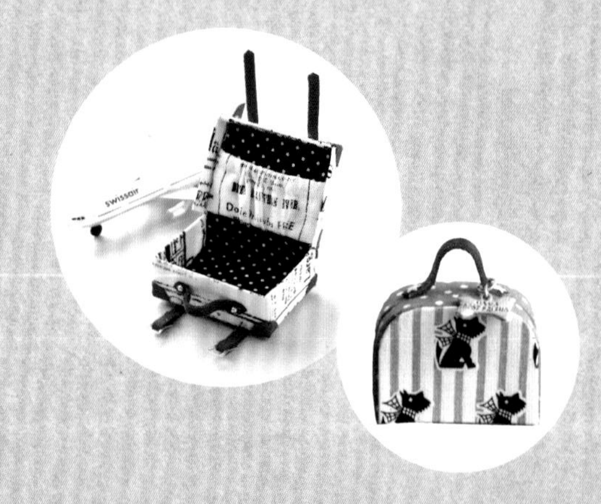